Contact :

SGH

L'atelier
8 rue des Hardrevins
79300 BRESSUIRE
06.17.70.86.52

sghformation@outlook.fr

Pensez à demander Vos fichiers de travail en précisant le tome acheté

SIRET 801 471 616

Sommaire

la fonction si() 1
Exercices 4
- Exercice 1 4
- Exercice 2 4
- Exercice 3 5
- Exercice 4 6
- Exercice 5 6
- Exercice 6 7
- Exercice 1 corrigé 8
- Exercice 2 corrigé 9
- Exercice 3 corrigé 9
- Exercice 4 corrigé 12
- Exercice 5 corrigé 14
- Exercice 6 corrigé 15

Les opérateurs à insérer dans la fonction SI() 17
ET() 17
OU() 18
NON() 19
ESTVIDE() 20
SI.CONDITIONS() 20
Exercices 22
- Exercice 1 22
- Exercice 2 23
- Exercice 3 24
- Exercice 4 24
- Exercice 5 25
- Exercice 6 26
- Exercice 1 corrigé 27
- Exercice 2 corrigé 31
- Exercice 3 corrigé 32
- Exercice 4 corrigé 33
- Exercice 5 corrigé 34
- Exercice 6 corrigé 37

Les fonctions de gestion d'erreur 40
SIERREUR() 40
SI.NON.DISP() 41
SI.MULTIPLE() 43

Exercices	44
Exercice 1	44
Exercice 2	45
Exercice 3	46
Exercice 1 corrigé	46
Exercice 2 corrigé	48
Exercice 3 corrigé	49

Les fonctions de recherche — 51

Recherche() — 51

RechercheV() — 53

RechercheH() — 56

RechercheX() — 57

Exercice 1	58
Exercice 2	58
Exercice 3	59
Exercice 4	60
Exercice 5	60
Exercice 6	61
Exercice 7	61
Exercice 8	62
Exercice 1 corrigé	63
Exercice 2 corrigé	64
Exercice 3 corrigé	66
Exercice 4 corrigé	68
Exercice 5 corrigé	69
Exercice 6 corrigé	70
Exercice 7 corrigé	70
Exercice 8 corrigé	71

Les fonctions DENOMBREMENT — 73

Les fonctions nombres — 73

La fonction NB() — 73

La fonction NBVAL() — 75

La fonction NB.SI() — 76

La fonction NB.VIDE() — 78

La fonction NBCAR() — 79

La fonction NB.SI.ENS() — 80

Exercice 1	83
Exercice 2	83
Exercice 3	84

Exercice 4	84
Exercice 5	85
Exercice 6	85
Exercice 7	86
Exercice 8	86
Exercice 1 corrigé	88
Exercice 2 corrigé	89
Exercice 3 corrigé	90
Exercice 4 corrigé	91
Exercice 5 corrigé	92
Exercice 6 corrigé	93
Exercice 7 corrigé	95
Exercice 8 corrigé	96

LA FONCTION SI()

La fonction SI est l'une des plus utilisées dans Excel. Elle permet de faire des comparaisons logiques entre une valeur numérique, alphanumérique et le résultat attendu.

=SI(Condition ; vrai ; faux)

Une instruction SI permet d'obtenir deux résultats. Le premier résultat est appliqué si la condition est vraie, sinon le deuxième résultat est appliqué par défaut.

Exemple : =SI(C2>10;1;2) indique SI(le contenu de la cellule C2 est supérieur à 10, alors afficher 1, sinon afficher 2)

Le nombre de solutions possibles détermine le nombre de fonction SI() nécessaire, dans tous les cas il y a toujours une fonction SI() de moins que le nombre de solutions.

Cette fonction permet l'imbrication de plusieurs SI() à l'intérieur de la même formule aussi bien dans la valeur « vrai » que dans la valeur « faux ».

Exemple :

1. 2 solutions donc un SI()

N° client	Montant HT	Taux Remise Accordée	Montant Remise
1	125 000,00		
2	90 000,00		
3	112 000,00		
4	55 000,00		
5	99 999,99		
6	100 000,01		

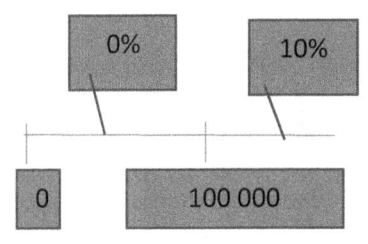

Une remise de 10% est accordée si le montant HT des achats du client dépasse 100 000€. Dans ce cas il existe 2 solutions soit c'est supérieur à 100 000€ et le client se voit gratifié de 10% de remise soit le montant est inférieur et il ne bénéficie d'aucune remise.

⇨ Si(le montant est supérieur à 100 000 ; 10% ; 0) ce qui donne sous Excel =SI(B6>100000 ;10% ;0)

N° client	Montant HT	Taux Remise Accordée	Montant Remise
1	125 000,00	=si(B6>100000;10%;0)	
2	90 000,00		

2. 3 solutions donc 2 SI() imbriqués

N° client	Montant HT	Taux Remise Accordée	Montant Remise
1	125 000,00		
2	90 000,00		
3	112 000,00		
4	55 000,00		
5	99 999,99		
6	100 000,01		

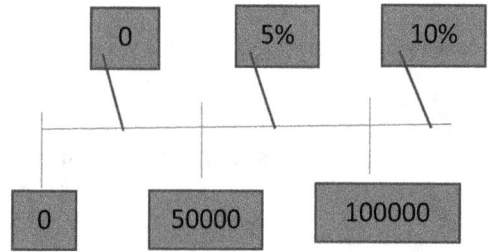

Une remise de 5% est accordée pour les montants compris entre 50 000€ et 100 000€, de 10% pour les montants supérieurs à 100 000€ il est sous-entendu que pour ceux inférieurs à 50 000€ la remise est de 0%, 3 solutions sont donc présentes.

⇨ SI(le montant est supérieur à 100 000€ ; 10% ; SI(le montant est supérieur ou égal à 50 000€ ; 5% ;0))

Sous Excel =SI(B6>100000 ;10% ;SI(B6>=50000 ;5% ;0))

N° client	Montant HT	Taux Remise Accordée	Montant Remise
1	125 000,00	=si(B6>100000;10%;si(B6>=50000;5%0))	
2	90 000,00		

Excel fait apparaitre des aides visuelles pour guider son utilisateur :
- En bleue la cellule utilisée
- La première et la dernière parenthèse sont toujours noires
- Les parenthèses du 2éme SI() sont en rouge

3. 4 solutions donc 3 SI()

N° client	Montant HT	Taux Remise Accordée	Montant Remise
10	55 000,00 €		
12	150 000,00 €		
14	75 000,00 €		
16	250 000,00 €		
18	45 000,00 €		
20	125 000,00 €		
22	100 000,00 €		

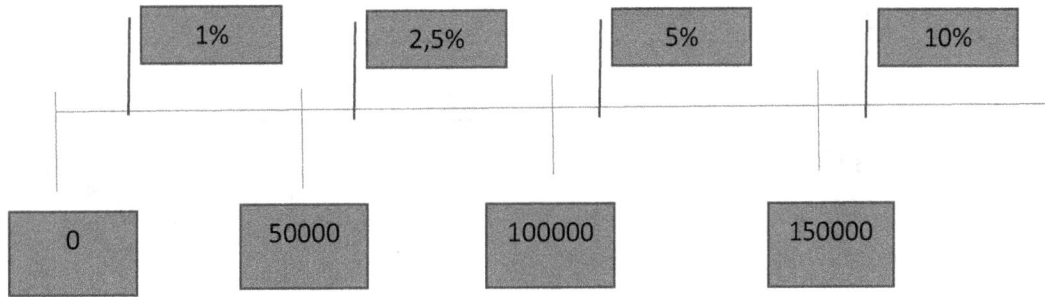

Dans ce dernier cas nous sommes en présence de 4 solutions donc de 3 SI()

1. Inférieur à 50 000€ ➔ 1%
2. Entre 50 000€ et 100 000€ ➔ 2.5%
3. Entre 100 000€ et 150 000€ ➔ 5%
4. Supérieur à 150 000€ ➔ 10%

Si(le montant est supérieur à 150000 ; 10% ;si(le montant est supérieur ou égal à 100000 ; 5% ;si(le montant est supérieur ou égal à 50000 ; 2.5% ;1%)))

N° client	Montant HT	Taux Remise Accordée	Montant Remise
10	55 000,00 €	=si(B30>150000;10%;si(B30>=100000;5%;si(B30>=50000;2,5%;1%)))	

Encore une fois Excel utilise les codes couleurs pour guider l'utilisateur.

Si le résultat attendu dans les valeur « VRAI » ou « FAUX » est un texte il devra être inséré entre 2 guillemets, ceux-ci permettent à Excel de différencier le texte d'un nom de fonction.

A chaque comparaison d'un texte à un autre, ou à l'insertion d'une valeur alphanumérique en tant que résultat de la fonction celui-ci devra être précédé d'un guillemet « et suivi d'un autre guillemet « ces derniers signalant l'insertion d'une valeur alphanumérique soit dans la condition soit dans le résultat.

Exercices

Exercice 1

Des élèves ont passé un test de mathématiques vous devez faire apparaitre dans la colonne « Statut » les mots « RECU » ou « RECALE » en fonction de la note obtenue lors du test.

	A	B	C
1		SI ALORS SINON	
2			
3			
4	NOM	NOTE OBTENUE	STATUT
5	ELEVE 1	5	
6	ELEVE 2	11	
7	ELEVE 3	15	
8	ELEVE 4	3	
9	ELEVE 5	6,5	
10	ELEVE 6	12,5	
11	ELEVE 7	14	
12	ELEVE 8	18	
13	ELEVE 9	20	
14	ELEVE 10	11	

Faire apparaitre "RECU" ou "RECALE" en fonction de la note obtenue

Exercice 2

	A	B	C	D
1		SI ???????????		
2				
3				
4	TITRE	NOM	PRENOM	CIVILITE
5	M.	DUPONT	CLAUDE	
6	Mme	MARTIN	DOMINIQUE	
7	M.	PERCHERON	LIONEL	
8	Mme	PETIT	EMMANUELLE	
9	M.	PERDRIAU	ROGER	

En fonction de la civilité affichée dans la première colonne, veuillez l'indiquer en toute lettre dans la colonne "Civilité"

Pour réutiliser la base Excel dans un publipostage sous Word vous avez besoin de spécifier en toute lettre la civilité de vos clients dans la colonne dédiée en tenant compte de l'information contenue dans la colonne « Titre ».

Attention cet exercice joue sur des valeurs alphanumériques.

Exercice 3

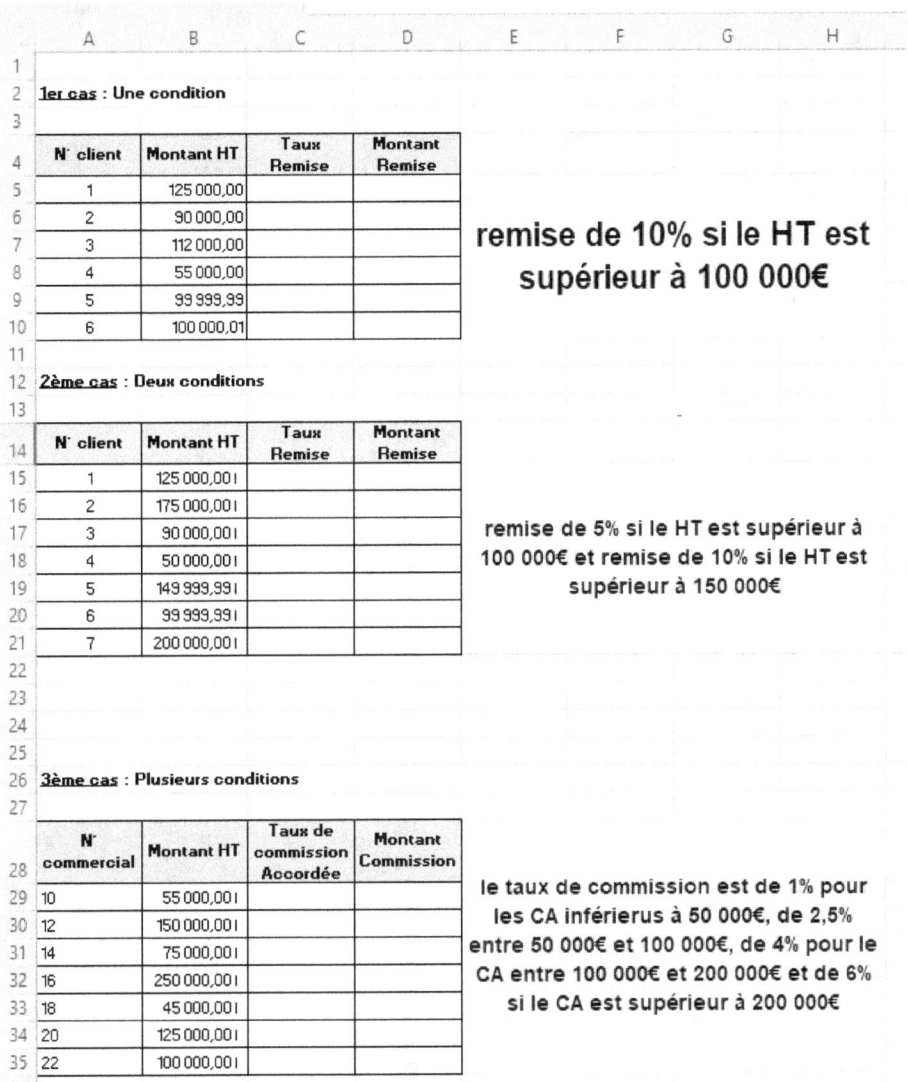

Complétez les tableaux en tenant compte des consignes.

Exercice 4
Complétez le tableau suivant.

	A	B	C	D
1	**ANALYSE DU BUDGET FAMILIAL**			
2				
3	Catégories	Dépenses réelles	Budget prévu	Dépassement (Oui/Non)
4	dépenses fonctionnelles	12 150,00 €	10 000,00 €	
5	loisirs et vêtements	2 252,00 €	1 800,00 €	
6	emprunt voiture	14 500,00 €	14 500,00 €	
7	courses alimentaires	8 750,00 €	9 250,00 €	
8				
9	Ecrire Oui ou Non dans la colonne dépassement selon la valeur des dépenses réelles			
10				

Exercice 5

	A	B	C	D	E
1	**Ventes des produits**				
2					
3	Désignation	Ventes HT	Code TVA	Taux TVA	Montant TVA
4	Produit 1	20000	1		
5	Produit 2	25000	0		
6	Produit 3	30000	0		
7	Produit 4	35000	0		
8	Produit 5	40000	1		
9	Produit 6	45000	2		
10					
11	Code TVA	0	1	2	
12	Taux TVA	20,00%	5,50%	10,00%	
13	en fonction des codes faire afficher le taux de TVA et calculer le montant				

Compléter le tableau ci-dessus en vous servant de la fonctionnalité pour figer les cellules.

Exercice 6

TAUX DE REMISE ET MONTANT HT

Les grossistes bénéficient d'un taux de 5% à condition que le hors taxes dépasse 10 000 €.
Les autres de 3% pour un montant supérieur à 10 000€

NOM CLIENT	TYPE DE CLIENT	MONTANT HT	TAUX REMISE	MONTANT REMISE	NET COMMERCIAL
ARNOLD	PARTICULIER	9 500,00 €			
DUCHEMIN	GROSSISTE	15 000,00 €			
MAURICE	DETAILLANT	12 000,00 €			
MARTIN	DETAILLANT	8 500,00 €			
DURANT	GROSSISTE	13 500,00 €			
GALLOU	GROSSISTE	9 990,00 €			

Calculer le taux de remise en fonction du montant HT et du type de client, puis le montant de cette remise et enfin le net commercial.

Exercice 1 corrigé

	A	B	C
1		SI ALORS SINON	
2			
3			
4	NOM	NOTE OBTENUE	STATUT
5	ELEVE 1	5	=si(B5<10;"Recalé";"Reçu")
6	ELEVE 2	11	
7	ELEVE 3	15	

Dans cet exercice il faut faire afficher en fonction de la note le statut, donc si l'élève a moins de 10, alors il est recalé sinon il est reçu.

Dans la cellule C5 qui affiche le statut saisir : =SI(B5<10 ; « Recalé » ; « Reçu ») valider par la touche « entrée » et recopier la fonction sur de C6 à C14

	A	B	C
1		SI ALORS SINON	
2			
3			
4	NOM	NOTE OBTENUE	STATUT
5	ELEVE 1	5	Recalé
6	ELEVE 2	11	Reçu
7	ELEVE 3	15	Reçu
8	ELEVE 4	3	Recalé
9	ELEVE 5	6,5	Recalé
10	ELEVE 6	12,5	Reçu
11	ELEVE 7	14	Reçu
12	ELEVE 8	18	Reçu
13	ELEVE 9	20	Reçu
14	ELEVE 10	11	Reçu

Exercice 2 corrigé

	A	B	C	D
1			SI ???????????	
2				
3				
4	TITRE	NOM	PRENOM	CIVILITE
5	M.	DUPONT	CLAUDE	=si(A5="M.";"Monsieur";"madame")

Dans cet exercice il faut vérifier le contenu de la cellule contenant le titre et en fonction du texte saisi compléter la colonne « civilité ». Donc si la cellule A5 contient le texte « M. » alors on indique Monsieur sinon Madame.

D5=SI(A5= « M. » ; « Monsieur » ; « Madame ») la formule est recopiée sur les cellules D6 à D9.

	A	B	C	D
1			SI ???????????	
2				
3				
4	TITRE	NOM	PRENOM	CIVILITE
5	M.	DUPONT	CLAUDE	Monsieur
6	Mme	MARTIN	DOMINIQUE	Madame
7	M.	PERCHERON	LIONEL	Monsieur
8	Mme	PETIT	EMMANUELLE	Madame
9	M.	PERDRIAU	ROGER	Monsieur

Exercice 3 corrigé

1er cas : 2 solutions 1 SI()

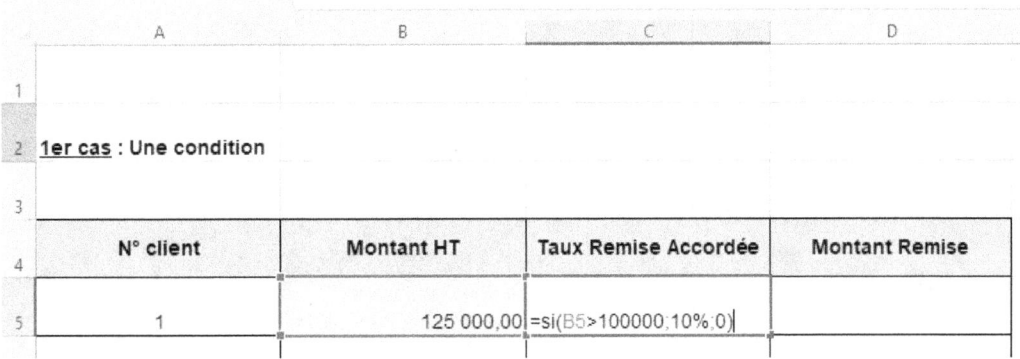

Le client bénéficie de 10% de remise si le montant de ses achats est supérieur à 100 000€

Si le montant est supérieur à 100 000 alors 10% sinon 0%

C5=SI(B5>100000 ;10% ;0)

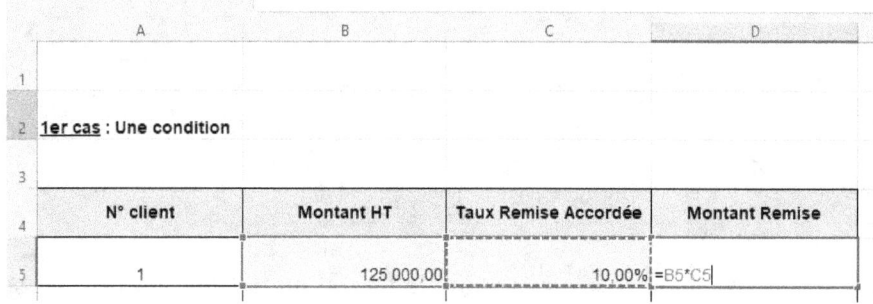

Le Montant de la remise se calcule en multipliant le taux de remise obtenu par le montant HT

D5=C5*B5

Les formules sont recopiées sur les lignes suivantes.

1er cas : Une condition

N° client	Montant HT	Taux Remise Accordée	Montant Remise
1	125 000,00	10,00%	12 500,00
2	90 000,00	0,00%	0,00
3	112 000,00	10,00%	11 200,00
4	55 000,00	0,00%	0,00
5	99 999,99	0,00%	0,00
6	100 000,01	10,00%	10 000,00

2ème cas : 3 solutions 2 SI()

N° client	Montant HT	Taux Remise Accordée	Montant Remise
1	125 000,00 €	=si(B15>150000;10%;si(B15>100000;5%;0))	
2	175 000,00 €		

Le client obtient une remise en fonction du montant HT si le montant est supérieur à 150000 alors 10% sinon si le montant est supérieur à 100000 alors 5% sinon 0%

C15=SI(B15>150000 ;10% ;SI(B15>100000 ;5% ;0%))

La 2ème condition s'imbrique dans la valeur « faux » du 1er SI(), il faut bien fermer les 2 parenthèses à la fin de la fonction.

Le montant de la remise s'obtient en multipliant le montant HT par le taux de remise obtenu.

D15=C15*B15

N° client	Montant HT	Taux Remise Accordée	Montant Remise
1	125 000,00 €	5,00%	=C15*B15

Les formules sont recopiées sur les lignes suivantes.

N° client	Montant HT	Taux Remise Accordée	Montant Remise
1	125 000,00 €	5,00%	6 250,00 €
2	175 000,00 €	10,00%	17 500,00 €
3	90 000,00 €	0,00%	- €
4	50 000,00 €	0,00%	- €
5	149 999,99 €	5,00%	7 500,00 €
6	99 999,99 €	0,00%	- €
7	200 000,00 €	10,00%	20 000,00 €

3ème cas : 4 solutions 3SI()

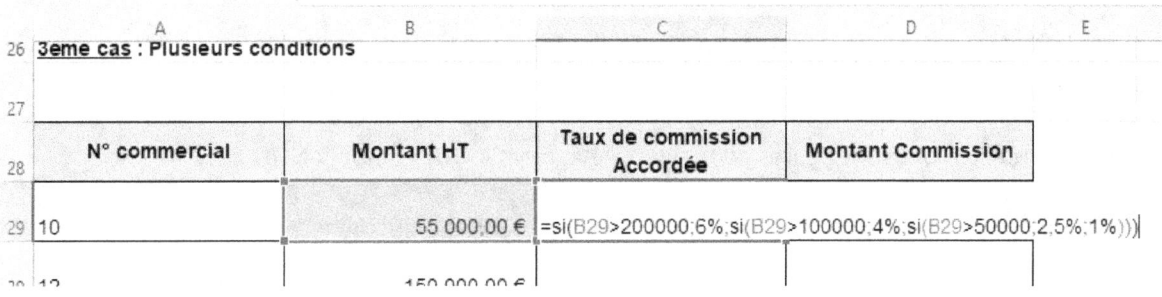

Le commercial obtient une commission :

Si le montant HT est supérieur à 200000 alors 6% sinon si le montant HT est supérieur à 100000 alors 4% sinon si le montant HT est supérieur à 50000 alors 2.5% sinon 1%

C29=SI(B29>200000 ;6% ;SI(B29>100000 ;4% ;SI(B29>50000 ;2.5% ;1%)))

Le montant de la commission d'obtient le multipliant le taux de commission accordée par le montant HT

D29=C29*B29

Les fonctions sont étirées sur le reste du tableau

3eme cas : Plusieurs conditions

N° commercial	Montant HT	Taux de commission Accordée	Montant Commission
10	55 000,00 €	2,50%	1 375,00 €
12	150 000,00 €	4,00%	6 000,00 €
14	75 000,00 €	2,50%	1 875,00 €
16	250 000,00 €	6,00%	15 000,00 €
18	45 000,00 €	1,00%	450,00 €
20	125 000,00 €	4,00%	5 000,00 €
22	100 000,00 €	2,50%	2 500,00 €

Exercice 4 corrigé

ANALYSE DU BUDGET FAMILIAL

Catégories	Dépenses réelles	Budget prévu	Dépassement (Oui/Non)
dépenses fonctionnelles	12 150,00 €	10 000,00 €	=si(B4>C4;"OUI";"NON")

Pour suivre le budget prévu il faut faire apparaitre dans la colonne dépassement OUI ou NON en fonction des dépenses réelles

Si les dépenses réelles sont supérieures au budget prévu alors « OUI » sinon « NON »

D4=si(B4>4 ; « OUI » ; « NON ») la fonction est étirée sur le reste du tableau

	A	B	C	D
1	ANALYSE DU BUDGET FAMILIAL			
2				
3	Catégories	Dépenses réelles	Budget prévu	Dépassement (Oui/Non)
4	dépenses fonctionnelles	12 150,00 €	10 000,00 €	OUI
5	loisirs et vêtements	2 252,00 €	1 800,00 €	OUI
6	emprunt voiture	14 500,00 €	14 500,00 €	NON
7	courses alimentaires	8 750,00 €	9 250,00 €	NON

Exercice 5 corrigé

Dans cet exercice il faut utiliser la référence absolue obtenue avec l'utilisation de la touche F4 ou des $ insérés manuellement. (Cf Excel 365 exercices corrigés tome 1)

	A	B	C	D	E
1	**Ventes des produits**				
2					
3	Désignation	Ventes HT	Code TVA	Taux TVA	Montant TVA
4	Produit 1	20000	=si(C4=$B$11;$B$12;si(C4=$C$11;$C$12;$D$12))		
5	Produit 2	25000	0		
6	Produit 3	30000	0		
7	Produit 4	35000	0		
8	Produit 5	40000	1		
9	Produit 6	45000	2		
10					
11	Code TVA	0	1	2	
12	Taux TVA	20,00%	5,50%	10,00%	

La France dispose actuellement de 3 taux de TVA dont la valeur peut varier en fonction des décisions gouvernementales, les stocker dans un tableau annexe permet de les modifier facilement sans toucher aux formules saisies dans le tableau.

Si le code TVA est égal au contenu du 1er code contenu dans le tableau annexe alors c'est le 1er taux du même tableau sinon si le code TVA est égal au contenu du 2ème code contenu dans le tableau annexe alors c'est le 2ème taux du même tableau sinon c'est le 3ème taux.

D4=SI(C4=$B11 ;$B12 ;si(C4=$C11 ;$C$12 ;$D$12)) les dollars sont positionnés par l'utilisation de la touche F4 après la sélection de la cellule concernée, ils peuvent être insérés manuellement également.

Le montant de la TVA s'obtient en multipliant le taux obtenu par les ventes HT

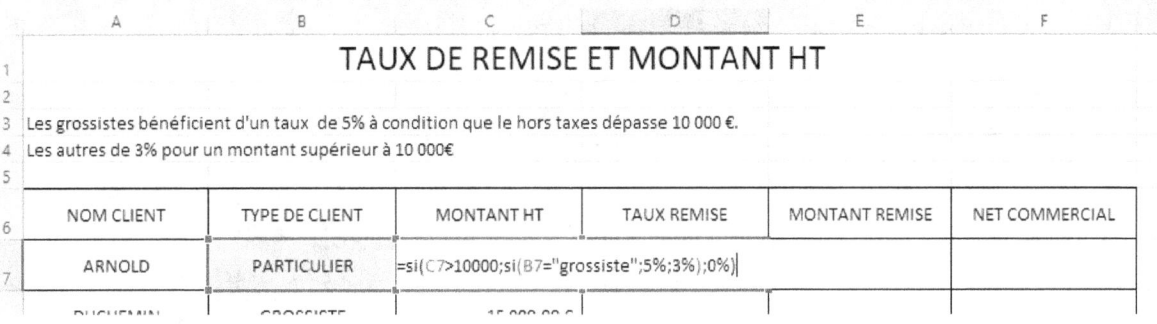

E4=D4*B4

Les fonctions sont recopiées sur l'intégralité du tableau

Exercice 6 corrigé

Le calcul du taux de remise repose sur 2 conditions le montant HT est une condition commune et le type de client qui est une condition différentielle.

L'imbrication du 2ème Si() dans ce cas se fait dans la valeur « VRAI ».

Si le montant HT est supérieur à 10000 alors si le client est un grossiste alors 5% sinon 3% sinon 0%

D7=SI(C7>10000 ;si(B7= « grossiste » ;5% ;3%) ;0%)

Il faut fermer la parenthèse du 2ème SI() avant de poser le « ; » qui ouvre la valeur « FAUX » du 1er SI()

Le montant de la remise est obtenu par la multiplication du taux de remise obtenu par le montant HT

E7=D7*C7

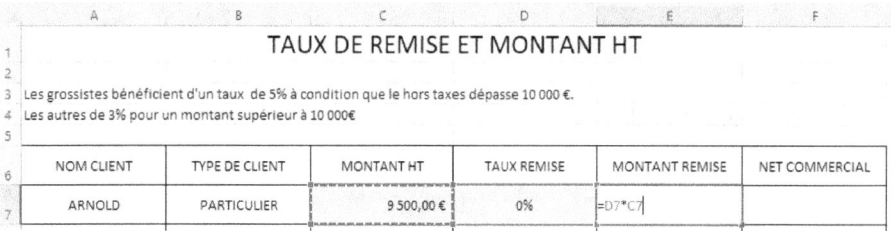

Le net commercial est le résultat de la soustraction du montant de la remise au montant HT

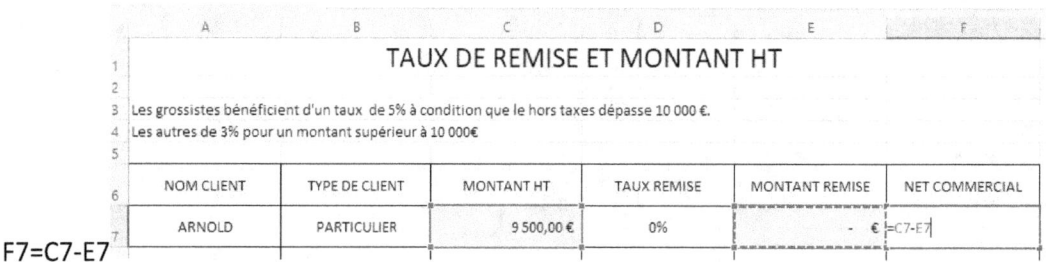

F7=C7-E7

Les formules sont recopiées sur l'ensemble du tableau

	A	B	C	D	E	F
1			TAUX DE REMISE ET MONTANT HT			
2						
3	Les grossistes bénéficient d'un taux de 5% à condition que le hors taxes dépasse 10 000 €.					
4	Les autres de 3% pour un montant supérieur à 10 000€					
5						
6	NOM CLIENT	TYPE DE CLIENT	MONTANT HT	TAUX REMISE	MONTANT REMISE	NET COMMERCIAL
7	ARNOLD	PARTICULIER	9 500,00 €	0%	- €	9 500,00 €
8	DUCHEMIN	GROSSISTE	15 000,00 €	5%	750,00 €	14 250,00 €
9	MAURICE	DETAILLANT	12 000,00 €	3%	360,00 €	11 640,00 €
10	MARTIN	DETAILLANT	8 500,00 €	0%	- €	8 500,00 €
11	DURANT	GROSSISTE	13 500,00 €	5%	675,00 €	12 825,00 €
12	GALLOU	GROSSISTE	9 990,00 €	0%	- €	9 990,00 €

LES OPÉRATEURS À INSÉRER DANS LA FONCTION SI()

Dans la fonction Si() de nombreux opérateurs peuvent intervenir pour aider à la résolution des opérations.

ET()

Cette fonction permet d'obliger la fonction Si() à prendre en compte différentes conditions avant d'obtenir le résultat de l'équation ainsi posée. Si toutes les conditions sont vérifiées alors la valeur « VRAI » s'affichera si ce n'est pas le cas alors c'est la valeur « FAUX » qui sera affichée.

Exemple :

En fonction de l'âge de la personne et du fait qu'il soit en possession son permis de conduire on va déterminer si cette personne peut partir seule au volant de sa voiture.

	A	B	C
1			
2			
3	Age	Permis détenu	Peut conduire seul
4	17	oui	
5	18	non	
6	25	oui	
7	16	non	
8	30	oui	
9	55	non	

Dans ce cas il faut avoir 18 ans au moins et le permis pour obtenir l'autorisation, il y a donc 2 conditions à remplir.

Si l'âge est supérieur à 18 et si le permis détenu est égal à OUI alors OUI sinon NON

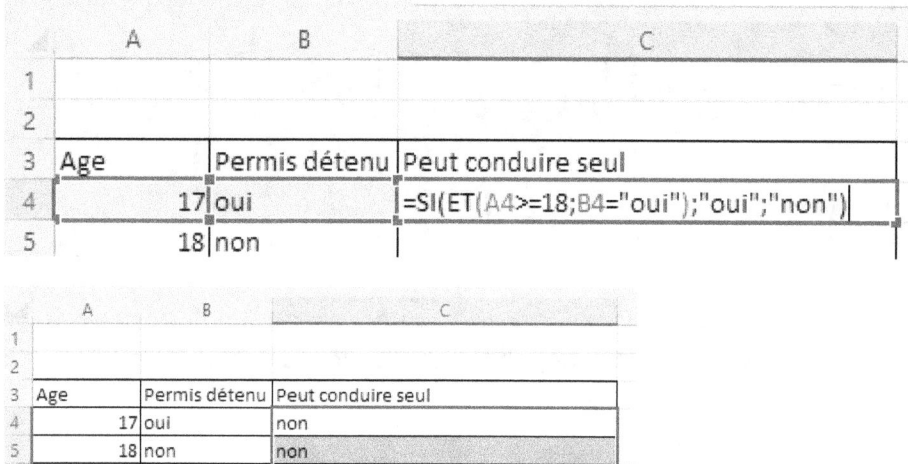

La fonction ET() s'insère directement après la parenthèse du SI car elle fait partie de la condition de la fonction SI(). Comme toute formule elle est suivie d'une parenthèse ouvrante et fermante. Après la dernière condition le ET() doit être refermé pour permettre un retour dans la fonction SI().

OU()

Cette fonction permet d'obliger la fonction Si() à prendre en compte différentes conditions avant d'obtenir le résultat de l'équation ainsi posée. Si l'une des conditions est vérifiée alors la valeur « VRAI » s'affichera si ce n'est pas le cas alors c'est la valeur « FAUX » qui sera affichée.

Exemple :

En fonction de la réponse des gens concernant le nombre de chien ou de chat qu'ils possèdent on peut faire afficher « Oui » ou « Non » dans la cellule concernant la question a des animaux.

	A	B	C	D	E
1					
2					
3		chat	chien	a des animaux	
4	Pierre	0	1	=si(ou(B4>0;C4>0);"oui";"non")	
5	Paul	0	0		
6	Jacques	2	2		
7					

Si le nombre de chat ou de chien est supérieur à 0 alors Oui sinon Non

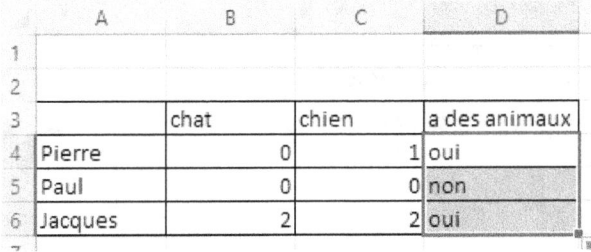

La fonction OU() s'insère directement après la parenthèse du SI car elle fait partie de la condition de la fonction SI(). Comme toute formule elle est suivie d'une parenthèse ouvrante et fermante. Après la dernière condition le OU() doit être refermé pour permettre un retour dans la fonction SI().

NON()

Cette fonction inverse la logique des arguments, dans le cadre de son utilisation avec un SI() qui normalement est :

=SI(condition ;vrai ;faux) cela donnerait =Si(NON(condition) ;faux ;vrai)

La fonction NON() s'insère directement après la parenthèse du SI car elle fait partie de la condition de la fonction SI(). Comme toute formule elle est suivie d'une parenthèse ouvrante et fermante. Après la condition le NON() doit être refermé pour permettre un retour dans la fonction SI().

Exemple :

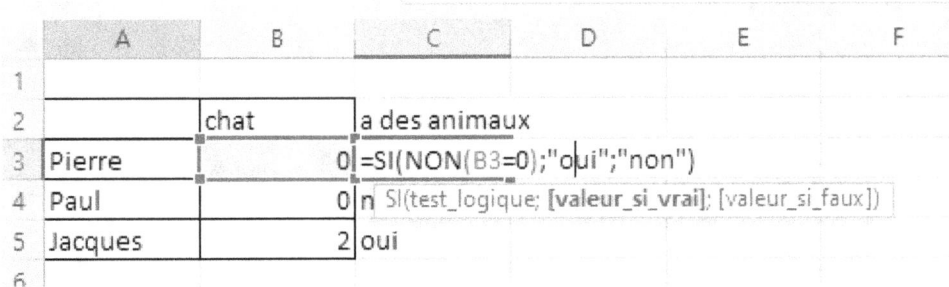

Reprenons l'exemple des animaux en utilisant la fonction NON(), ici elle permet de dire si le résultat n'est pas 0 alors oui sinon non

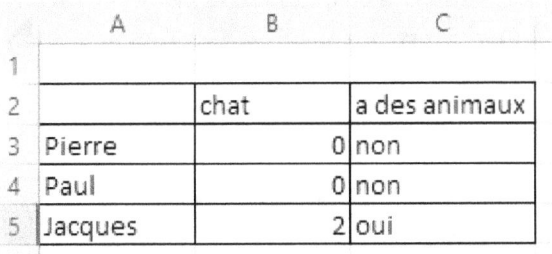

ESTVIDE()

Cette fonction permet de vérifier si une cellule est vide ou si elle dissimule une formule, un caractère invisible tel que l'espace. Elle permet imbriquée dans un SI() de définir une valeur ou une absence de valeur dans une cellule de résultat.

Exemple :

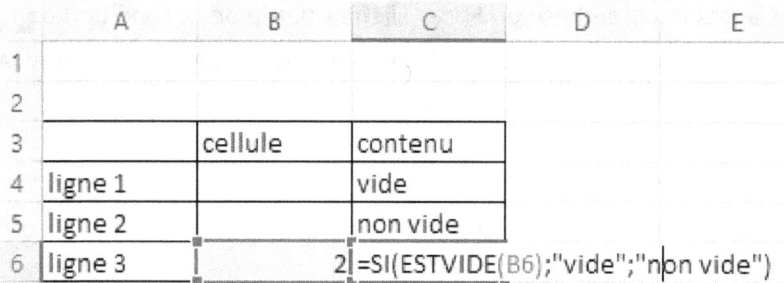

Dans cet exemple la cellule B4 est vide, la B5 contient un espace et la B6 une valeur, la formule ESTVIDE() imbriquée dans le SI() permet de déterminer l'état exact de la cellule.

On peut remplacer la formule ESTVIDE() par l'utilisation du double guillemet dans la fonction SI()

Exemple :

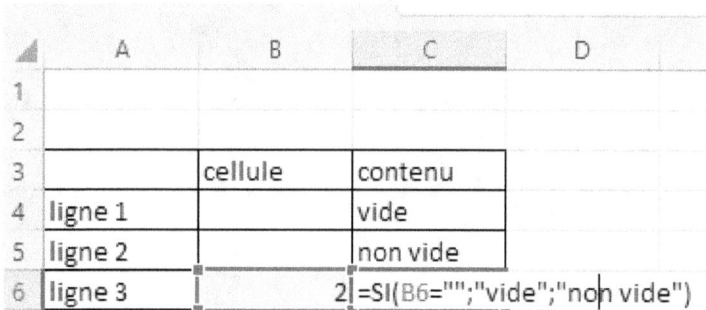

Le fait d'écrire B6= « » sans espace a le même résultat que la formule ESTVIDE() l'avantage de cette écriture est que si une formule renvoyant une valeur « vide » est dans la cellule est que B6= « » renverra un résultat comme si la cellule est vide alors que la formule ESTVIDE() verra la même cellule avec un contenu, en fonction de la réponse attendu il faudra choisir entre les 2 méthodes.

SI.CONDITIONS()

La fonction vérifie si une ou plusieurs conditions sont remplies et renvoie le résultat correspondant à la première condition vraie. L'utilisation de cette fonction permet d'éviter d'utiliser plusieurs SI() imbriqués.

=SI.CONDITIONS(condition 1; valeur si vrai1; condition 2; valeur si vrai2; condition 3; valeur si vrai3)

Exemple : retrouver la lettre correspondant à la tranche dont fait partie la valeur

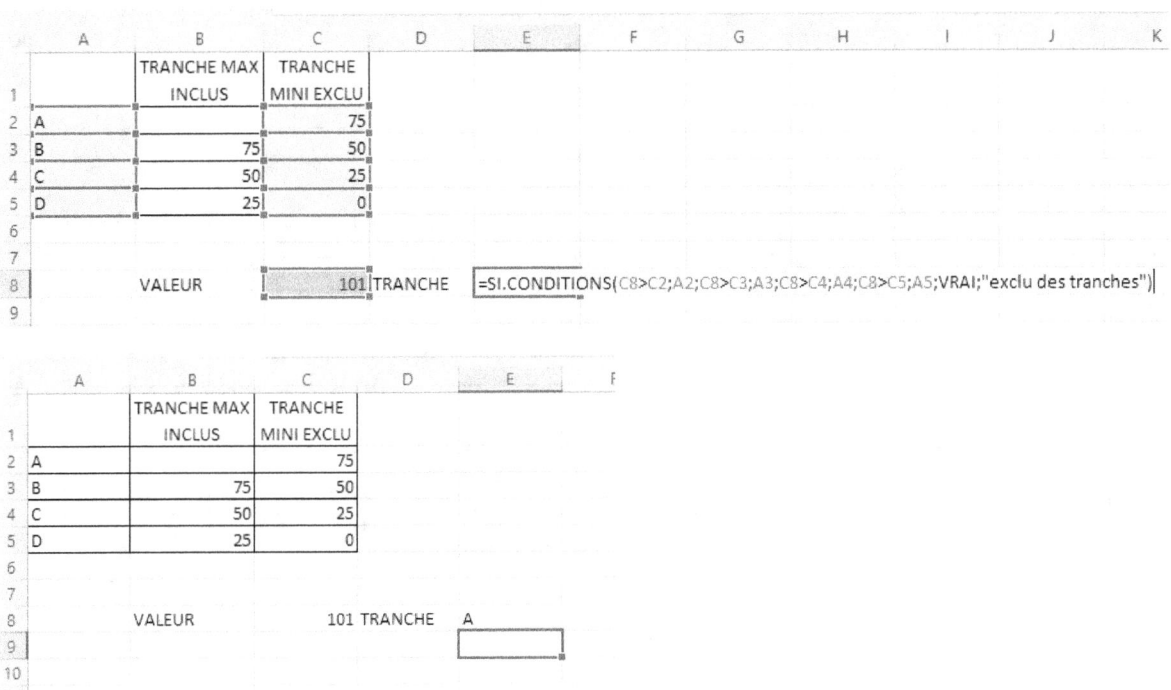

Exercices

Exercice 1

Complétez le tableau par OUI / NON pour permettre un suivi des inscriptions des salariés au plan de formation de l'entreprise.

	A	B	C	D	E	F	G	H
1								
2	SALARIE	FORMATION GESTES ET POSTURES	FORMATION LOGISTIQUE	FORMATION CACES	INSCRIPTION AUX 3 FORMATIONS	INSCRIPTION A 2 FORMATIONS	INSCRIPTION A 1 FORMATION	INSCRIT A AUCUNE FORMATION
3	Salarié 1	oui	oui	non				
4	Salarié 2	non	oui	oui				
5	Salarié 3	non	non	non				
6	Salarié 4	oui	non	oui				
7	Salarié 5	oui	oui	non				
8	Salarié 6	oui	oui	oui				
9	Salarié 7	non	non	non				
10	Salarié 8	non	non	oui				
11	Salarié 9	oui	oui	oui				

Exercice 2

Les salariés obtiennent une prime de 150€ si leur présence dans l'entreprise est de plus de 2 ans et s'ils n'ont pas eu d'absences injustifiées supérieures à 2 jours. Calculez le montant de leur prime.

	A	B	C	D
1				
2	SALARIE	ANCIENNETE	NOMBRE DE JOURS D'ABSENCE INJUSTIFIEE	PRIME
3	Salarié 1	5	0	
4	Salarié 2	10	2	
5	Salarié 3	12	1	
6	Salarié 4	2	0	
7	Salarié 5	1	5	
8	Salarié 6	6	1	
9	Salarié 7	8	0	
10	Salarié 8	15	0	
11	Salarié 9	22	0	

Exercice 3

Les salariés obtiennent une prime de 150€ si leur présence dans l'entreprise est de plus de 2 ans ou s'ils n'ont pas eu d'absences injustifiées supérieures à 2 jours. Calculez le montant de leur prime.

	A	B	C	D
1				
2	SALARIE	ANCIENNETE	NOMBRE DE JOURS D'ABSENCE INJUSTIFIEE	PRIME
3	Salarié 1	5	3	
4	Salarié 2	10	2	
5	Salarié 3	12	1	
6	Salarié 4	2	3	
7	Salarié 5	1	1	
8	Salarié 6	6	1	
9	Salarié 7	8	0	
10	Salarié 8	15	4	
11	Salarié 9	22	0	

Exercice 4

En utilisant la fonction NON() répondez aux questions

	A	B	C
1		NOTE	
2	NOTE OBTENUE	55	
3	NOTE MINIMALE	100	
4			
5			
6			
7		VRAI OU FAUX	
8	LA NOTE OBTENUE EST INFERIEURE A LA NOTE MINIMALE		
9	LA NOTE EST INFERIEURE A LA MOITIE DE LA NOTE MINIMALE		
10			
11	RATTRAPAGE SI NOTE > 75		

Exercice 5

Calculez le montant des commissions et des primes obtenues par les commerciaux.

	A	B	C	D
1				
2	COMMERCIAUX	CA REALISE	COMMISSIONS	PRIME
3	COMMERCIAL 1	526 365,00 €		
4	COMMERCIAL 2	458 569,00 €		
5	COMMERCIAL 3	125 489,00 €		
6	COMMERCIAL 4	874 596,00 €		
7	COMMERCIAL 5	325 987,00 €		
8	COMMERCIAL 6	968 522,00 €		
9	COMMERCIAL 7	1 154 233,00 €		
10	COMMERCIAL 8	854 759,00 €		
11	COMMERCIAL 9	99 568,00 €		
12	COMMERCIAL 10	789 523,00 €		
13				
14				
15	TRANCHE CA	TAUX DE COMMISSION		
16	0 - 100 000	1,00%		
17	100 000 - 250 000	2,50%		
18	250 000 - 500 000	4,00%		
19	500 000 - 750 000	6,00%		
20	> 750 000	8,50%		
21				
22	TRANCHE CA	PRIME		
23	0 - 100 000	- €		
24	100 000 - 250 000	250,00 €		
25	250 000 - 500 000	500,00 €		
26	500 000 - 750 000	1 000,00 €		
27	> 750 000	1 500,00 €		
28				

Exercice 6

Complétez le tableau, les étudiants doivent obtenir 10 de moyenne minimum sur les 2 partiels pour obtenir leur diplôme. Sont admis au rattrapage ceux qui ont obtenu une moyenne supérieure ou égale à 8 et inférieure à 10 pour accéder à cette session. Les autres sont recalés d'office.

	A	B	C	D	E	F	G
1							
2	ETUDIANTS	NOTE PARTIEL 1	NOTE PARTIEL 2	MOYENNE	EXAMEN DE RATTRAPAGE	NOTE RATTRAPAGE	RESULTAT
3	ETUDIANT 1	12	14				
4	ETUDIANT 2	15	12				
5	ETUDIANT 3	8	13				
6	ETUDIANT 4	14	11				
7	ETUDIANT 5	6	5			8	
8	ETUDIANT 6	7	12			12	
9	ETUDIANT 7	13	11				
10	ETUDIANT 8	17	18				
11	ETUDIANT 9	5	10			9	
12	ETUDIANT 10	8,5	9			10,5	
13							

Exercice 1 corrigé

	A	B	C	D	E	F	G	H
1								
2	SALARIE	FORMATION GESTES ET POSTURES	FORMATION LOGISTIQUE	FORMATION CACES	INSCRIPTION AUX 3 FORMATIONS	INSCRIPTION A 2 FORMATIONS	INSCRIPTION A 1 FORMATION	INSCRIT A AUCUNE FORMATION
3	Salarié 1	oui	oui	non	non	oui	oui	non
4	Salarié 2	non	oui	oui	non	oui	oui	non
5	Salarié 3	non	non	non	non	non	non	oui
6	Salarié 4	oui	non	oui	non	oui	oui	non
7	Salarié 5	oui	oui	non	non	oui	oui	non
8	Salarié 6	oui	oui	oui	oui	oui	oui	non
9	Salarié 7	non	non	non	non	non	non	oui
10	Salarié 8	non	non	oui	non	non	oui	non
11	Salarié 9	oui	oui	oui	oui	oui	oui	non

Colonne des inscriptions aux 3 formations

	A	B	C	D	E
1					
2	SALARIE	FORMATION GESTES ET	FORMATION LOGISTIQUE	FORMATION CACES	INSCRIPTION AUX 3 FORMATIONS
3	Salarié 1	oui	oui	non	=SI(ET(B3="oui";C3="oui";D3="oui");"oui";"non")
4	Salarié 2	non	oui	oui	=SI(ET(B4="oui";C4="oui";D4="oui");"oui";"non")
5	Salarié 3	non	non	non	=SI(ET(B5="oui";C5="oui";D5="oui");"oui";"non")
6	Salarié 4	oui	non	oui	=SI(ET(B6="oui";C6="oui";D6="oui");"oui";"non")
7	Salarié 5	oui	oui	non	=SI(ET(B7="oui";C7="oui";D7="oui");"oui";"non")
8	Salarié 6	oui	oui	oui	=SI(ET(B8="oui";C8="oui";D8="oui");"oui";"non")
9	Salarié 7	non	non	non	=SI(ET(B9="oui";C9="oui";D9="oui");"oui";"non")
10	Salarié 8	non	non	oui	=SI(ET(B10="oui";C10="oui";D10="oui");"oui";"non")
11	Salarié 9	oui	oui	oui	=SI(ET(B11="oui";C11="oui";D11="oui");"oui";"non")

Il faut combiner la fonction si() et la fonction et() pour éviter d'imbriquer trop de si().

La fonction et() s'imbrique dans la partie condition du si().

Cellule E3 : =si(et(B3= « oui » ;C3= « oui » ;D3= « oui ») ; « oui » ; « non »)

La fonction et() permet de poser les 3 conditions à vérifier, la parenthèse de fin du et() se pose avant d'entrer dans la partie résultat du si(), juste avant le ; qui signale la fin de la partie condition et l'entrée dans le résultat vrai ou faux.

Colonne des inscriptions à deux formations

	A	B	C	D	F
2	SALARIE	FORMATION GESTES ET	FORMATION LOGISTIQUE	FORMATION CACES	INSCRIPTION A 2 FORMATIONS
3	Salarié 1	oui	oui	non	=SI(E3="oui";"oui";SI(ET(B3="oui";C3="oui");"oui";SI(ET(B3="oui";D3="oui");"oui";SI(ET(C3="oui";D3="oui");"oui";"non"))))
4	Salarié 2	non	oui	oui	=SI(E4="oui";"oui";SI(ET(B4="oui";C4="oui");"oui";SI(ET(B4="oui";D4="oui");"oui";SI(ET(C4="oui";D4="oui");"oui";"non"))))
5	Salarié 3	non	non	non	=SI(E5="oui";"oui";SI(ET(B5="oui";C5="oui");"oui";SI(ET(B5="oui";D5="oui");"oui";SI(ET(C5="oui";D5="oui");"oui";"non"))))
6	Salarié 4	oui	non	oui	=SI(E6="oui";"oui";SI(ET(B6="oui";C6="oui");"oui";SI(ET(B6="oui";D6="oui");"oui";SI(ET(C6="oui";D6="oui");"oui";"non"))))
7	Salarié 5	oui	oui	non	=SI(E7="oui";"oui";SI(ET(B7="oui";C7="oui");"oui";SI(ET(B7="oui";D7="oui");"oui";SI(ET(C7="oui";D7="oui");"oui";"non"))))
8	Salarié 6	oui	oui	oui	=SI(E8="oui";"oui";SI(ET(B8="oui";C8="oui");"oui";SI(ET(B8="oui";D8="oui");"oui";SI(ET(C8="oui";D8="oui");"oui";"non"))))
9	Salarié 7	non	non	non	=SI(E9="oui";"oui";SI(ET(B9="oui";C9="oui");"oui";SI(ET(B9="oui";D9="oui");"oui";SI(ET(C9="oui";D9="oui");"oui";"non"))))
10	Salarié 8	non	non	oui	=SI(E10="oui";"oui";SI(ET(B10="oui";C10="oui");"oui";SI(ET(B10="oui";D10="oui");"oui";SI(ET(C10="oui";D10="oui");"oui";"non"))))
11	Salarié 9	oui	oui	oui	=SI(E11="oui";"oui";SI(ET(B11="oui";C11="oui");"oui";SI(ET(B11="oui";D11="oui");"oui";SI(ET(C11="oui";D11="oui");"oui";"non"))))

Compte tenu qu'il faut vérifier qu'au moins 2 des colonnes sur les 3 contiennent le mot OUI, il faut imbriquer plusieurs si() et plusieurs et() pour répondre à la demande.

Cellule f3

=SI(E3="oui";"oui";SI(ET(B3="oui";C3="oui");"oui";SI(ET(B3="oui";D3="oui");"oui";SI(ET(C3="oui";D3="oui");"oui";"non"))))

=SI(E3="oui";"oui"; le premier si() va permettre de vérifier que si le salarié est inscrit aux 3 formations il est automatiquement inscrit à 2 formations.

SI(ET(B3="oui";C3="oui");"oui"; le 2ème si() dans lequel s'imbrique un et() vérifie le contenu des 2 premières colonnes de formation, pour les salariés qui n'étaient pas inscrit aux 3 formations. Si la condition est vérifiée, un OUI s'affichera dans la colonne sinon il faut tester les autres solutions.

SI(ET(B3="oui";D3="oui");"oui"; le 3ème si() va vérifier que la première colonne formation et la 3ème colonne contiennent un OUI si la condition est vérifiée le OUI s'affiche sinon il faut continuer à tester.

SI(ET(C3="oui";D3="oui");"oui";"non")))) le dernier si() vérifie que la 2ème et la 3ème colonne de formation contiennent un Oui si la condition est vérifiée le OUI s'affiche sinon un NON apparait

4 si() sont utilisés donc 4 parenthèses ouvertes et 4 parenthèses fermées pour cette formule

3 et() figurent dans la formule, il faut penser à fermer les parenthèses dès que l'on à poser les conditions pour réintégrer la formule si() dans son déroulement.

Colonne des inscriptions à 1 formation

	A	B	C	D	G
1					
2	SALARIE	FORMATION GESTES ET	FORMATION LOGISTIQUE	FORMATION CACES	INSCRIPTION A 1 FORMATION
3	Salarié 1	oui	oui	non	=SI(OU(B3="oui";C3="oui";D3="oui");"oui";"non")
4	Salarié 2	non	oui	oui	=SI(OU(B4="oui";C4="oui";D4="oui");"oui";"non")
5	Salarié 3	non	non	non	=SI(OU(B5="oui";C5="oui";D5="oui");"oui";"non")
6	Salarié 4	oui	non	oui	=SI(OU(B6="oui";C6="oui";D6="oui");"oui";"non")
7	Salarié 5	oui	oui	non	=SI(OU(B7="oui";C7="oui";D7="oui");"oui";"non")
8	Salarié 6	oui	oui	oui	=SI(OU(B8="oui";C8="oui";D8="oui");"oui";"non")
9	Salarié 7	non	non	non	=SI(OU(B9="oui";C9="oui";D9="oui");"oui";"non")
10	Salarié 8	non	non	oui	=SI(OU(B10="oui";C10="oui";D10="oui");"oui";"non")
11	Salarié 9	oui	oui	oui	=SI(OU(B11="oui";C11="oui";D11="oui");"oui";"non")

Pour résoudre cette question nous allons utiliser la formule ou() imbriquée dans un si(), car dans ce cas-là le fait de trouver une réponse positive dans une colonne parmi les 3 permettra de répondre affirmativement à la question

Cellule G3 : =SI(OU(B3="oui";C3="oui";D3="oui");"oui";"non")

La fonction ou() s'imbrique dans la partie condition du si(), elle doit être refermée par une parenthèse avant d'intégrer la partie résultat du si(). Une seule condition de vérifiée et l'on obtient un résultat positif.

Colonne des inscrits à aucune formation

	A	B	C	D	H
1					
2	SALARIE	FORMATION GESTES ET	FORMATION LOGISTIQUE	FORMATION CACES	INSCRIT A AUCUNE FORMATION
3	Salarié 1	oui	oui	non	=SI(G3="non";"oui";"non")
4	Salarié 2	non	oui	oui	=SI(G4="non";"oui";"non")
5	Salarié 3	non	non	non	=SI(G5="non";"oui";"non")
6	Salarié 4	oui	non	oui	=SI(G6="non";"oui";"non")
7	Salarié 5	oui	oui	non	=SI(G7="non";"oui";"non")
8	Salarié 6	oui	oui	oui	=SI(G8="non";"oui";"non")
9	Salarié 7	non	non	non	=SI(G9="non";"oui";"non")
10	Salarié 8	non	non	oui	=SI(G10="non";"oui";"non")
11	Salarié 9	oui	oui	oui	=SI(G11="non";"oui";"non")

Un si() permet de vérifier le contenu de la colonne G, ce qui permet de déterminer si le salarié suit ou ne suit pas de formation.

Cellule H3 =SI(G3="non";"oui";"non")

Exercice 2 corrigé

	A	B	C	D
2	SALARIE	ANCIENNETE	NOMBRE DE JOURS D'ABSENCE INJUSTIFIEE	PRIME
3	Salarié 1	5	0	150,00 €
4	Salarié 2	10	2	150,00 €
5	Salarié 3	12	1	150,00 €
6	Salarié 4	2	0	- €
7	Salarié 5	1	5	- €
8	Salarié 6	6	1	150,00 €
9	Salarié 7	8	0	150,00 €
10	Salarié 8	15	0	150,00 €
11	Salarié 9	22	0	150,00 €

Pour obtenir une prime le salarié doit avoir plus de 2 ans de présence dans l'entreprise et ne pas avoir eu plus de 2 jours d'absence injustifiée.

	A	B	C	D
2	SALARIE	ANCIENNETE	NOMBRE DE JOURS D'ABSENCE INJUSTIFIEE	PRIME
3	Salarié 1	5	0	=SI(ET(B3>2;C3<3);150;0)
4	Salarié 2	10	2	=SI(ET(B4>2;C4<3);150;0)
5	Salarié 3	12	1	=SI(ET(B5>2;C5<3);150;0)
6	Salarié 4	2	0	=SI(ET(B6>2;C6<3);150;0)
7	Salarié 5	1	5	=SI(ET(B7>2;C7<3);150;0)
8	Salarié 6	6	1	=SI(ET(B8>2;C8<3);150;0)
9	Salarié 7	8	0	=SI(ET(B9>2;C9<3);150;0)
10	Salarié 8	15	0	=SI(ET(B10>2;C10<3);150;0)
11	Salarié 9	22	0	=SI(ET(B11>2;C11<3);150;0)

Dans ce cas il faut que les 2 conditions soient « vraies », il faut donc imbriquer dans la formule si() un et().

Cellule D3 =SI(ET(B3>2;C3<3);150;0) le et() permet de tester la véracité des informations, si les 2 sont « vrai » alors le salarié touche sa prime, dans tous les autres cas il ne touche pas de prime.

Exercice 3 corrigé

	A	B	C	D
1				
2	SALARIE	ANCIENNETE	NOMBRE DE JOURS D'ABSENCE INJUSTIFIEE	PRIME
3	Salarié 1	5	3	150,00 €
4	Salarié 2	10	2	150,00 €
5	Salarié 3	12	1	150,00 €
6	Salarié 4	2	3	- €
7	Salarié 5	1	1	150,00 €
8	Salarié 6	6	1	150,00 €
9	Salarié 7	8	0	150,00 €
10	Salarié 8	15	4	150,00 €
11	Salarié 9	22	0	150,00 €
12				

Dans cet exercice le salarié bénéficie d'une prime si son ancienneté est supérieure à 2 ans ou si le nombre de ses absences injustifiées est inférieur à 3 jours.

Cellule D3 =SI(OU(B3>2;C3<3);150;0)

La réalisation d'une seule condition permet d'atteindre le résultat « vrai », il s'agit donc d'un ou() qui s'imbrique dans la partie condition du si().

Exercice 4 corrigé

	A	B
1		NOTE
2	NOTE OBTENUE	55
3	NOTE MINIMALE	100
4		
5		
6		
7		VRAI OU FAUX
8	LA NOTE OBTENUE EST INFERIEURE A LA NOTE MINIMALE	VRAI
9	LA NOTE EST INFERIEURE A LA MOITIE DE LA NOTE MINIMALE	FAUX
10		
11	RATTRAPAGE SI NOTE > 75	FAUX
12		

Il s'agit de répondre aux questions en utilisant la formule non() ,celle-ci renvoi le résultat inverse de celui qui serait attendu par un si()

	A	B
1		NOTE
2	NOTE OBTENUE	55
3	NOTE MINIMALE	100
4		
5		
6		
7		VRAI OU FAUX
8	LA NOTE OBTENUE EST INFERIEURE A LA NOTE MINIMALE	=NON(B2>B3)
9	LA NOTE EST INFERIEURE A LA MOITIE DE LA NOTE MINIMALE	=NON(B2>B3/2)
10		
11	RATTRAPAGE SI NOTE > 75	=NON(B2<75)
12		

Cette formule évite d'utiliser le si() sur des vérifications courtes.

Cellule B8 =NON(B2>B3) le contenu de la formule non() vérifie si 55 est supérieur à 100 ce qui devrait retourner « faux » en résultat mais comme le non() inverse celui-ci le retour est donc un « vrai » qui correspond à notre question.

Cellule B9 =NON(B2>B3/2) la question qui posée est de savoir si la note obtenue est inférieure à la moitié de la note minimale. Le contenu de la fonction non() effectue le calcul pour savoir si 55 est inférieur à la moitié de 100, ce qui est faux mais comme la question est rédigée à l'inverse l'insertion de la formule non() permet de faire afficher la valeur « faux »

Cellule B11 =NON(B2<75) il faut comparer le contenu de la cellule B2 avec B3 et déterminer si la première est supérieure à la 2éme. La comparaison posée à l'intérieur de non() renvoie une affirmation car 55 est bien inférieur à 75, en utilisant la fonction non() le résultat affiché en adéquation avec la question sera « faux ».

Exercice 5 corrigé

	A	B	C	D
1				
2	COMMERCIAUX	CA REALISE	COMMISSIONS	PRIME
3	COMMERCIAL 1	526 365,00 €	31 581,90 €	1 000,00 €
4	COMMERCIAL 2	458 569,00 €	18 342,76 €	500,00 €
5	COMMERCIAL 3	125 489,00 €	3 137,23 €	250,00 €
6	COMMERCIAL 4	874 596,00 €	74 340,66 €	1 500,00 €
7	COMMERCIAL 5	325 987,00 €	13 039,48 €	500,00 €
8	COMMERCIAL 6	968 522,00 €	82 324,37 €	1 500,00 €
9	COMMERCIAL 7	1 154 233,00 €	98 109,81 €	1 500,00 €
10	COMMERCIAL 8	854 759,00 €	72 654,52 €	1 500,00 €
11	COMMERCIAL 9	99 568,00 €	995,68 €	- €
12	COMMERCIAL 10	789 523,00 €	67 109,46 €	1 500,00 €
13				
14				
15	TRANCHE CA	TAUX DE COMMISSION		
16	0 - 100 000	1,00%		
17	100 000 - 250 000	2,50%		
18	250 000 - 500 000	4,00%		
19	500 000 - 750 000	6,00%		
20	> 750 000	8,50%		
21				
22	TRANCHE CA	PRIME		
23	0 - 100 000	- €		
24	100 000 - 250 000	250,00 €		
25	250 000 - 500 000	500,00 €		
26	500 000 - 750 000	1 000,00 €		
27	> 750 000	1 500,00 €		
28				

En tenant compte des règles posées dans les 2 tableaux pour le calcul de la prime et des commissions il faut faire afficher les résultats dans les colonnes C et D.

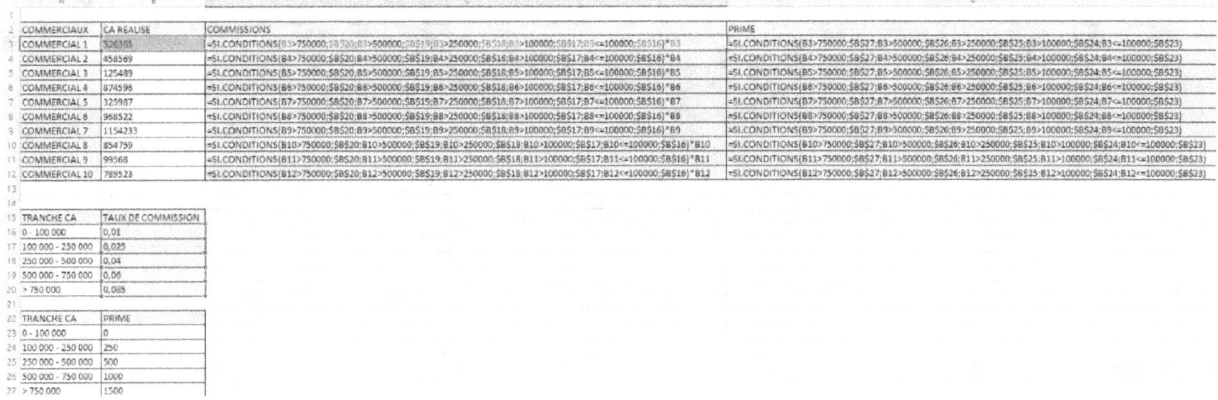

La colonne commissions

	A	B	C
2	COMMERCIAUX	CA REALISE	COMMISSIONS
3	COMMERCIAL 1	526365	=SI.CONDITIONS(B3>750000;$B$20;B3>500000;$B$19;B3>250000;$B$18;B3>100000;$B$17;B3<=100000;$B$16)*B3
4	COMMERCIAL 2	458569	=SI.CONDITIONS(B4>750000;$B$20;B4>500000;$B$19;B4>250000;$B$18;B4>100000;$B$17;B4<=100000;$B$16)*B4
5	COMMERCIAL 3	125489	=SI.CONDITIONS(B5>750000;$B$20;B5>500000;$B$19;B5>250000;$B$18;B5>100000;$B$17;B5<=100000;$B$16)*B5
6	COMMERCIAL 4	874596	=SI.CONDITIONS(B6>750000;$B$20;B6>500000;$B$19;B6>250000;$B$18;B6>100000;$B$17;B6<=100000;$B$16)*B6
7	COMMERCIAL 5	325987	=SI.CONDITIONS(B7>750000;$B$20;B7>500000;$B$19;B7>250000;$B$18;B7>100000;$B$17;B7<=100000;$B$16)*B7
8	COMMERCIAL 6	968522	=SI.CONDITIONS(B8>750000;$B$20;B8>500000;$B$19;B8>250000;$B$18;B8>100000;$B$17;B8<=100000;$B$16)*B8
9	COMMERCIAL 7	1154233	=SI.CONDITIONS(B9>750000;$B$20;B9>500000;$B$19;B9>250000;$B$18;B9>100000;$B$17;B9<=100000;$B$16)*B9
10	COMMERCIAL 8	854759	=SI.CONDITIONS(B10>750000;$B$20;B10>500000;$B$19;B10>250000;$B$18;B10>100000;$B$17;B10<=100000;$B$16)*B10
11	COMMERCIAL 9	99568	=SI.CONDITIONS(B11>750000;$B$20;B11>500000;$B$19;B11>250000;$B$18;B11>100000;$B$17;B11<=100000;$B$16)*B11
12	COMMERCIAL 10	789523	=SI.CONDITIONS(B12>750000;$B$20;B12>500000;$B$19;B12>250000;$B$18;B12>100000;$B$17;B12<=100000;$B$16)*B12

	TRANCHE CA	TAUX DE COMMISSION
15	TRANCHE CA	TAUX DE COMMISSION
16	0 - 100 000	0,01
17	100 000 - 250 000	0,025
18	250 000 - 500 000	0,04
19	500 000 - 750 000	0,06
20	> 750 000	0,085

La cellule C3

=SI.CONDITIONS(B3>750000;$B$20;B3>500000;$B$19;B3>250000;$B$18;B3>100000;$B$17;B3<=100000;$B$16)*B3

Le tableau commission pose les tranches de CA et les taux s'y appliquant. La fonction si.conditions() permet de reprendre chaque tranche avec les opérateurs « > » & « < » et lier à chaque tranche son taux. Il faut que chaque condition soit reliée à une solution. Attention souvent la dernière condition doit être réfléchie car sa solution sera celle qui par défaut s'appliquera et si elle ne peut être vérifier fera apparaitre un message d'erreur #N/A.

Dans la résolution de ce cas, la dernière condition est traitée différemment des autres.

La colonne prime

	A	B	D
1			
2	COMMERCIAUX	CA REALISE	PRIME
3	COMMERCIAL 1	526365	=SI.CONDITIONS(B3>750000;$B$27;B3>500000;$B$26;B3>250000;$B$25;B3>100000;$B$24;B3<=100000;$B$23)
4	COMMERCIAL 2	458569	=SI.CONDITIONS(B4>750000;$B$27;B4>500000;$B$26;B4>250000;$B$25;B4>100000;$B$24;B4<=100000;$B$23)
5	COMMERCIAL 3	125489	=SI.CONDITIONS(B5>750000;$B$27;B5>500000;$B$26;B5>250000;$B$25;B5>100000;$B$24;B5<=100000;$B$23)
6	COMMERCIAL 4	874596	=SI.CONDITIONS(B6>750000;$B$27;B6>500000;$B$26;B6>250000;$B$25;B6>100000;$B$24;B6<=100000;$B$23)
7	COMMERCIAL 5	325987	=SI.CONDITIONS(B7>750000;$B$27;B7>500000;$B$26;B7>250000;$B$25;B7>100000;$B$24;B7<=100000;$B$23)
8	COMMERCIAL 6	968522	=SI.CONDITIONS(B8>750000;$B$27;B8>500000;$B$26;B8>250000;$B$25;B8>100000;$B$24;B8<=100000;$B$23)
9	COMMERCIAL 7	1154233	=SI.CONDITIONS(B9>750000;$B$27;B9>500000;$B$26;B9>250000;$B$25;B9>100000;$B$24;B9<=100000;$B$23)
10	COMMERCIAL 8	854759	=SI.CONDITIONS(B10>750000;$B$27;B10>500000;$B$26;B10>250000;$B$25;B10>100000;$B$24;B10<=100000;$B$23)
11	COMMERCIAL 9	99568	=SI.CONDITIONS(B11>750000;$B$27;B11>500000;$B$26;B11>250000;$B$25;B11>100000;$B$24;B11<=100000;$B$23)
12	COMMERCIAL 10	789523	=SI.CONDITIONS(B12>750000;$B$27;B12>500000;$B$26;B12>250000;$B$25;B12>100000;$B$24;B12<=100000;$B$23)

	A	B
22	TRANCHE CA	PRIME
23	0 - 100 000	0
24	100 000 - 250 000	250
25	250 000 - 500 000	500
26	500 000 - 750 000	1000
27	> 750 000	1500

La cellule D3 =SI.CONDITIONS(B3>750000;$B$27;B3>500000;$B$26;B3>250000;$B$25;B3>100000;$B$24;B3<=100000;$B$23)

Comme pour la colonne précédente, il faut utiliser si.conditions() pour résoudre la question. La dernière condition sera traitée différemment des autres pour permettre de gérer l'ensemble des solutions et éviter l'affichage d'un #N/A.

Exercice 6 corrigé

	A	B	C	D	E	F	G
1							
2	ETUDIANTS	NOTE PARTIEL 1	NOTE PARTIEL 2	MOYENNE	EXAMEN DE RATTRAPAGE	NOTE RATTRAPAGE	RESULTAT
3	ETUDIANT 1	12	14	13	non		ADMIS
4	ETUDIANT 2	15	12	13,5	non		ADMIS
5	ETUDIANT 3	8	13	10,5	non		ADMIS
6	ETUDIANT 4	14	11	12,5	non		ADMIS
7	ETUDIANT 5	6	5	5,5	non	8	RECALÉ
8	ETUDIANT 6	7	12	9,5	oui	12	ADMIS
9	ETUDIANT 7	13	11	12	non		ADMIS
10	ETUDIANT 8	17	18	17,5	non		ADMIS
11	ETUDIANT 9	5	10	7,5	non	9	RECALÉ
12	ETUDIANT 10	8,5	9	8,75	oui	10,5	ADMIS

	A	B	C	D	E	F	G
1							
2	ETUDIANTS	NOT	NOT	MOYENNE	EXAMEN DE RATTRAPAGE	NOT	RESULTAT
3	ETUDIANT 1	12	14	=MOYENNE(B3:C3)	=SI(ET(D3<10;D3>=8);"oui";"non")		=MAJUSCULE(SI(ET(ESTVIDE(F3);D3>=10);"admis";SI(ET(ESTVIDE(F3);D3<10);"recalé";SI(ET(NON(ESTVIDE(F3));F3>=10);"admis";"recalé"))))
4	ETUDIANT 2	15	12	=MOYENNE(B4:C4)	=SI(ET(D4<10;D4>=8);"oui";"non")		=MAJUSCULE(SI(ET(ESTVIDE(F4);D4>=10);"admis";SI(ET(ESTVIDE(F4);D4<10);"recalé";SI(ET(NON(ESTVIDE(F4));F4>=10);"admis";"recalé"))))
5	ETUDIANT 3	8	13	=MOYENNE(B5:C5)	=SI(ET(D5<10;D5>=8);"oui";"non")		=MAJUSCULE(SI(ET(ESTVIDE(F5);D5>=10);"admis";SI(ET(ESTVIDE(F5);D5<10);"recalé";SI(ET(NON(ESTVIDE(F5));F5>=10);"admis";"recalé"))))
6	ETUDIANT 4	14	11	=MOYENNE(B6:C6)	=SI(ET(D6<10;D6>=8);"oui";"non")		=MAJUSCULE(SI(ET(ESTVIDE(F6);D6>=10);"admis";SI(ET(ESTVIDE(F6);D6<10);"recalé";SI(ET(NON(ESTVIDE(F6));F6>=10);"admis";"recalé"))))
7	ETUDIANT 5	6	5	=MOYENNE(B7:C7)	=SI(ET(D7<10;D7>=8);"oui";"non")	8	=MAJUSCULE(SI(ET(ESTVIDE(F7);D7>=10);"admis";SI(ET(ESTVIDE(F7);D7<10);"recalé";SI(ET(NON(ESTVIDE(F7));F7>=10);"admis";"recalé"))))
8	ETUDIANT 6	7	12	=MOYENNE(B8:C8)	=SI(ET(D8<10;D8>=8);"oui";"non")	12	=MAJUSCULE(SI(ET(ESTVIDE(F8);D8>=10);"admis";SI(ET(ESTVIDE(F8);D8<10);"recalé";SI(ET(NON(ESTVIDE(F8));F8>=10);"admis";"recalé"))))
9	ETUDIANT 7	13	11	=MOYENNE(B9:C9)	=SI(ET(D9<10;D9>=8);"oui";"non")		=MAJUSCULE(SI(ET(ESTVIDE(F9);D9>=10);"admis";SI(ET(ESTVIDE(F9);D9<10);"recalé";SI(ET(NON(ESTVIDE(F9));F9>=10);"admis";"recalé"))))
10	ETUDIANT 8	17	18	=MOYENNE(B10:C10)	=SI(ET(D10<10;D10>=8);"oui";"non")		=MAJUSCULE(SI(ET(ESTVIDE(F10);D10>=10);"admis";SI(ET(ESTVIDE(F10);D10<10);"recalé";SI(ET(NON(ESTVIDE(F10));F10>=10);"admis";"recalé"))))
11	ETUDIANT 9	5	10	=MOYENNE(B11:C11)	=SI(ET(D11<10;D11>=8);"oui";"non")	9	=MAJUSCULE(SI(ET(ESTVIDE(F11);D11>=10);"admis";SI(ET(ESTVIDE(F11);D11<10);"recalé";SI(ET(NON(ESTVIDE(F11));F11>=10);"admis";"recalé"))))
12	ETUDIANT 10	8,5	9	=MOYENNE(B12:C12)	=SI(ET(D12<10;D12>=8);"oui";"non")	10,5	=MAJUSCULE(SI(ET(ESTVIDE(F12);D12>=10);"admis";SI(ET(ESTVIDE(F12);D12<10);"recalé";SI(ET(NON(ESTVIDE(F12));F12>=10);"admis";"recalé"))))

Colonne moyenne

	A	B	C	D
1				
2	ETUDIANTS	NOT	NOT	MOYENNE
3	ETUDIANT 1	12	14	=MOYENNE(B3:C3)
4	ETUDIANT 2	15	12	=MOYENNE(B4:C4)
5	ETUDIANT 3	8	13	=MOYENNE(B5:C5)
6	ETUDIANT 4	14	11	=MOYENNE(B6:C6)
7	ETUDIANT 5	6	5	=MOYENNE(B7:C7)
8	ETUDIANT 6	7	12	=MOYENNE(B8:C8)
9	ETUDIANT 7	13	11	=MOYENNE(B9:C9)
10	ETUDIANT 8	17	18	=MOYENNE(B10:C10)
11	ETUDIANT 9	5	10	=MOYENNE(B11:C11)
12	ETUDIANT 10	8,5	9	=MOYENNE(B12:C12)

Cellule D3 =MOYENNE(B3:C3) la formule peut être appelée par la liste déroulante sous la somme automatique.

La colonne examen de rattrapage

	A	B	C	E
1				
2	ETUDIANTS	NOT	NOT	EXAMEN DE RATTRAPAGE
3	ETUDIANT 1	12	14	=SI(ET(D3<10;D3>=8);"oui";"non")
4	ETUDIANT 2	15	12	=SI(ET(D4<10;D4>=8);"oui";"non")
5	ETUDIANT 3	8	13	=SI(ET(D5<10;D5>=8);"oui";"non")
6	ETUDIANT 4	14	11	=SI(ET(D6<10;D6>=8);"oui";"non")
7	ETUDIANT 5	6	5	=SI(ET(D7<10;D7>=8);"oui";"non")
8	ETUDIANT 6	7	12	=SI(ET(D8<10;D8>=8);"oui";"non")
9	ETUDIANT 7	13	11	=SI(ET(D9<10;D9>=8);"oui";"non")
10	ETUDIANT 8	17	18	=SI(ET(D10<10;D10>=8);"oui";"non")
11	ETUDIANT 9	5	10	=SI(ET(D11<10;D11>=8);"oui";"non")
12	ETUDIANT 10	8,5	9	=SI(ET(D12<10;D12>=8);"oui";"non")
13				

La cellule E3 : =SI(ET(D3<10;D3>=8);"oui";"non")

Le rattrapage est destiné aux étudiants dont la note est comprise entre 8 et 10, dans tous les autres cas il n'y aura pas de rattrapage.

Il faut donc imbriquer un et() dans le si() qui teste les bornes du rattrapage en fonction de la moyenne obtenue.

La cellule G3 :
=MAJUSCULE(SI(ET(ESTVIDE(F3);D3>=10);"admis";SI(ET(ESTVIDE(F3);D3<10);"recalé";SI(ET(NON(ESTVIDE(F3));F3>=10);"admis";"recalé"))))

	A	B	C	G
1				
2	ETUDIANTS	NOT	NOT	RESULTAT
3	ETUDIANT 1	12	14	=MAJUSCULE(SI(ET(ESTVIDE(F3);D3>=10);"admis";SI(ET(ESTVIDE(F3);D3<10);"recalé";SI(ET(NON(ESTVIDE(F3));F3>=10);"admis";"recalé"))))
4	ETUDIANT 2	15	12	=MAJUSCULE(SI(ET(ESTVIDE(F4);D4>=10);"admis";SI(ET(ESTVIDE(F4);D4<10);"recalé";SI(ET(NON(ESTVIDE(F4));F4>=10);"admis";"recalé"))))
5	ETUDIANT 3	8	13	=MAJUSCULE(SI(ET(ESTVIDE(F5);D5>=10);"admis";SI(ET(ESTVIDE(F5);D5<10);"recalé";SI(ET(NON(ESTVIDE(F5));F5>=10);"admis";"recalé"))))
6	ETUDIANT 4	14	11	=MAJUSCULE(SI(ET(ESTVIDE(F6);D6>=10);"admis";SI(ET(ESTVIDE(F6);D6<10);"recalé";SI(ET(NON(ESTVIDE(F6));F6>=10);"admis";"recalé"))))
7	ETUDIANT 5	6	5	=MAJUSCULE(SI(ET(ESTVIDE(F7);D7>=10);"admis";SI(ET(ESTVIDE(F7);D7<10);"recalé";SI(ET(NON(ESTVIDE(F7));F7>=10);"admis";"recalé"))))
8	ETUDIANT 6	7	12	=MAJUSCULE(SI(ET(ESTVIDE(F8);D8>=10);"admis";SI(ET(ESTVIDE(F8);D8<10);"recalé";SI(ET(NON(ESTVIDE(F8));F8>=10);"admis";"recalé"))))
9	ETUDIANT 7	13	11	=MAJUSCULE(SI(ET(ESTVIDE(F9);D9>=10);"admis";SI(ET(ESTVIDE(F9);D9<10);"recalé";SI(ET(NON(ESTVIDE(F9));F9>=10);"admis";"recalé"))))
10	ETUDIANT 8	17	18	=MAJUSCULE(SI(ET(ESTVIDE(F10);D10>=10);"admis";SI(ET(ESTVIDE(F10);D10<10);"recalé";SI(ET(NON(ESTVIDE(F10));F10>=10);"admis";"recalé"))))
11	ETUDIANT 9	5	10	=MAJUSCULE(SI(ET(ESTVIDE(F11);D11>=10);"admis";SI(ET(ESTVIDE(F11);D11<10);"recalé";SI(ET(NON(ESTVIDE(F11));F11>=10);"admis";"recalé"))))
12	ETUDIANT 10	8,5	9	=MAJUSCULE(SI(ET(ESTVIDE(F12);D12>=10);"admis";SI(ET(ESTVIDE(F12);D12<10);"recalé";SI(ET(NON(ESTVIDE(F12));F12>=10);"admis";"recalé"))))
13				

La colonne résultat est le reflet de plusieurs possibilités :

- Pas de rattrapage et une moyenne supérieure à 10 ➔ admis
- Pas de rattrapage et une moyenne inférieure à 10 ➔ recalé
- Rattrapage et une note de rattrapage supérieur à 10 ➔ admis

- Dans tous le autres cas ➔ recalé

Il faut donc vérifier plusieurs conditions en même temps et qu'elles soient toutes positives, il faut donc utiliser la fonction et() imbriquée dans un si().

Pour tester si la cellule est vide on imbriquera la fonction estvide().

Pour tester si la cellule est non vide on imbriquera la fonction non() et la fonction estvide().

LES FONCTIONS DE GESTION D'ERREUR

Certaines fonctions peuvent renvoyer des messages d'erreur tel que #N/A ce qui signifie que le résultat attendu au vu des conditions n'est pas accessible pour diverses raisons telles que :

- Une cellule vide
- Une fonction ne trouvant pas les références demandées
- Etc.

SIERREUR()

Une formule basée sur le Si permet de renvoyer un message clair dans ces cas-là. Quand la formule retourne une erreur elle permet d'afficher un message décidé préalablement ou en cas d'absence d'erreur le résultat escompté. ➔Sierreur(valeur ;valeur si erreur)

Exemple :

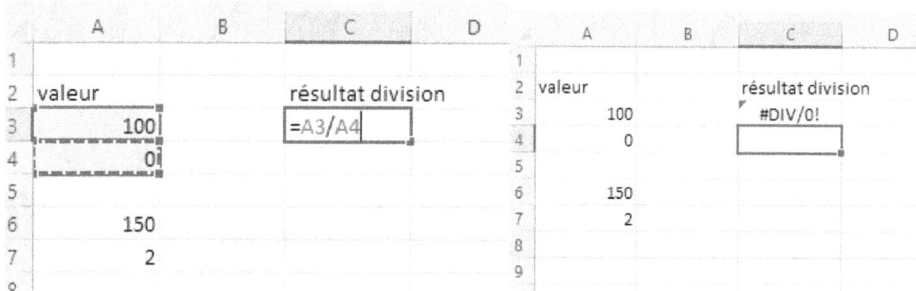

La division par 0 va renvoyer un message d'erreur, l'utilisation du SIERREUR() permet de gérer ce problème.

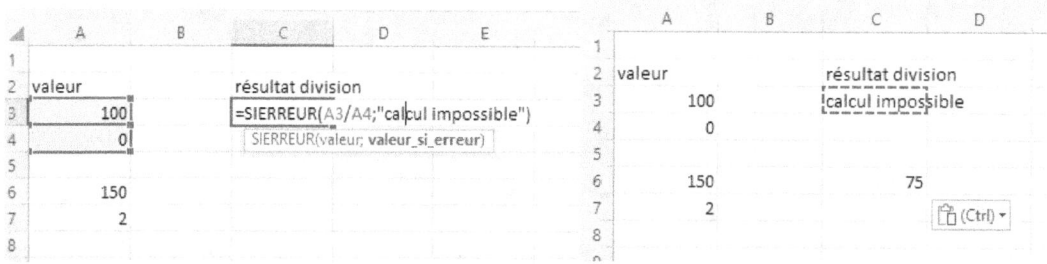

Le texte compréhensible évitera une correction manuelle par un utilisateur non habitué aux syntaxes d'Excel.

SI.NON.DISP()

Cette fonction est utile notamment lors de l'utilisation des formules de recherche, en cas d'absence de la référence au lieu d'un #N/A elle retourne l'argument spécifié.

SI.NON.DISP(valeur ; valeur si non disponible)

Exemple :

Dans une liste de villes et de montant de CA réalisés, on cherche à extraire le résultat d'une ville ne faisant pas partie de la liste

	A	B
1		
2	Ville	Nantes
3	CA	=RECHERCHEV(B2;A5:B9;2;FAUX)
4		RECHERCHEV(valeur_cherchée; table_
5	Ville	Chiffre d'Affaires
6	Paris	150 000,00 €
7	Lyon	25 000,00 €
8	Toulouse	145 000,00 €
9	Nice	63 000,00 €

Cette formule va renvoyer une erreur compte tenu que la ville n'existe pas dans la liste

	A	B
1		
2	Ville	Nantes
3	CA	#N/A
4		
5	Ville	Chiffre d'Affaires
6	Paris	150 000,00 €
7	Lyon	25 000,00 €
8	Toulouse	145 000,00 €
9	Nice	63 000,00 €

L'insertion de la fonction SI.NON.DISP() résout le problème de façon compréhensible par tous

	A	B
1		
2	Ville	Nantes
3	CA	=SI.NON.DISP(RECHERCHEV(B2;A5:B9;2;faux);"ville absente")
4		
5	Ville	Chiffre d'Affaires
6	Paris	150 000,00 €
7	Lyon	25 000,00 €
8	Toulouse	145 000,00 €
9	Nice	63 000,00 €

	A	B
1		
2	Ville	Nantes
3	CA	ville absente
4		
5	Ville	Chiffre d'Affaires
6	Paris	150 000,00 €
7	Lyon	25 000,00 €
8	Toulouse	145 000,00 €
9	Nice	63 000,00 €

SI.MULTIPLE()

Cette fonction permet de restituer jusqu'à 126 valeurs et de retourner le résultat correspondant à l'évaluation posée en début de fonction en cas d'absence de résultat elle retourne une valeur prédéfinie par l'utilisateur. La fonction s'arrête dès que l'évaluation est vérifiée

SI.MULTIPLE(évaluation ;résultat1 ;résultat2 …… ;valeur si non correspondance)

Exemple :

En prenant une date et en demandant d'afficher ou le jour ou weekend en fonction du résultat de l'évaluation.

Exercices

Exercice 1

Calculez le taux d'évolution des montants des ventes entre l'année 2020 et l'année 2021. Vous gérez les erreurs éventuelles.

	A	B	C	D
1	VENTES	2020	2021	TAUX EVOLUTION
2	PRODUIT 1		1 523,00 €	
3	PRODUIT 2	5 263,00 €	6 523,00 €	
4	PRODUIT 3	5 248,00 €	8 547,00 €	
5	PRODUIT 4	11 547,00 €	10 542,00 €	
6	PRODUIT 5	16 530,00 €	12 563,00 €	
7	PRODUIT 6	3 598,00 €	2 458,00 €	
8	PRODUIT 7	8 471,00 €	6 589,00 €	
9	PRODUIT 8	17 582,00 €	22 548,00 €	
10	PRODUIT 9		1 520,00 €	
11	PRODUIT 10	4 585,00 €	4 896,00 €	

Exercice 2

Complétez le tableau pour faire apparaitre le prix en fonction de l'article saisi. Vous gérez les erreurs éventuelles.

REF	PRODUIT	PU HT KG
P100	CLOU	15
P101	VIS	14
P102	ECROU	18
P103	BOULON	21
P104	POINTE	45
P105	POINTE ARDOISE	85
P106	CROCHET ARDOISE	75
P107	POINTE INOX	32
P108	POINTE GALVANISEE	26
P109	POINTE TETE PLATE	34
P110	VIS AUTO PERFOREUSE	25

DEMANDE DE PRIX

DESIGNATION	PRIX U/KG HT
POINTE SANS TETE	
CROCHET ARDOISE	

Exercice 3

Complétez le tableau en précisant si besoin que le code formation est inexistant si l'un des salariés venait à ne pas saisir une valeur correcte.

	A	B	C	D	E	F
1						
2	SALARIES	CODE FORMATION	LIBELLE FORMATION		FORMATION	CODE
3	SALARIE 1	1			BUREAUTIQUE	1
4	SALARIE 2	2			IMAGE	2
5	SALARIE 3	4			GESTES ET POSTURES	3
6	SALARIE 4	3				
7	SALARIE 5	2				
8	SALARIE 6	1				
9	SALARIE 7	3				
10	SALARIE 8	4				
11	SALARIE 9	2				
12	SALARIE 10	3				

Exercice 1 corrigé

	A	B	C	D
1				
2	VENTES	2020	2021	TAUX EVOLUTION
3	PRODUIT 1		1 523,00 €	100%
4	PRODUIT 2	5 263,00 €	6 523,00 €	24%
5	PRODUIT 3	5 248,00 €	8 547,00 €	63%
6	PRODUIT 4	11 547,00 €	10 542,00 €	-9%
7	PRODUIT 5	16 530,00 €	12 563,00 €	-24%
8	PRODUIT 6	3 598,00 €	2 458,00 €	-32%
9	PRODUIT 7	8 471,00 €	6 589,00 €	-22%
10	PRODUIT 8	17 582,00 €	22 548,00 €	28%
11	PRODUIT 9		1 520,00 €	100%
12	PRODUIT 10	4 585,00 €	4 896,00 €	7%

	A	B	C	D
1				
2	VENTES	2020	2021	TAUX EVOLUTION
3	PRODUIT 1		1523	=SIERREUR((C3-B3)/B3;1)
4	PRODUIT 2	5263	6523	=SIERREUR((C4-B4)/B4;1)
5	PRODUIT 3	5248	8547	=SIERREUR((C5-B5)/B5;1)
6	PRODUIT 4	11547	10542	=SIERREUR((C6-B6)/B6;1)
7	PRODUIT 5	16530	12563	=SIERREUR((C7-B7)/B7;1)
8	PRODUIT 6	3598	2458	=SIERREUR((C8-B8)/B8;1)
9	PRODUIT 7	8471	6589	=SIERREUR((C9-B9)/B9;1)
10	PRODUIT 8	17582	22548	=SIERREUR((C10-B10)/B10;1)
11	PRODUIT 9		1520	=SIERREUR((C11-B11)/B11;1)
12	PRODUIT 10	4585	4896	=SIERREUR((C12-B12)/B12;1)
13				

Le taux d'évolution se calcule avec la formule suivante

(Valeur la plus récente – valeur la plus ancienne)/valeur la plus ancienne il faut appliquer ensuite le format % pour que l'affichage du taux soit plus compréhensible. Les cellule B3 et B11 sont vides ce qui correspond à la valeur 0 pour Excel, la division par 0 n'est pas possible ce qui génère un message d'erreur #DIV/0 !.

Pour corriger cette erreur le calcul précédent doit être intégré dans la fonction sierreur().

Dans cet exercice si l'année précédente n'existe pas le taux de variation sera donc de 100%.

	A	B	C	D
1				
2	VENTES	2020	2021	TAUX EVOLUTION
3	PRODUIT 1		1 523,00 €	=SIERREUR((C3-B3)/B3;1)

Formule en cours d'édition : `=SIERREUR((C3-B3)/B3;1)` — SIERREUR(**valeur**; valeur_si_erreur)

Le sierreur() va venir englober le calcul, à la fin de celui-ci le « ; » permettra d'insérer le message qui remplacera le code erreur généré par le calcul, dans notre cas ce message sera un « 1 » pour faire afficher 100%.

Exercice 2 corrigé

	A	B	C	D	E	F
1						
2	REF	PRODUIT	PU HT KG			DEMANDE DE PRIX
3	P100	CLOU	15			
4	P101	VIS	14		DESIGNATION	PRIX U/KG HT
5	P102	ECROU	18		POINTE SANS TETE	produit non disponible
6	P103	BOULON	21		CROCHET ARDOISE	75
7	P104	POINTE	45			
8	P105	POINTE ARDOISE	85			
9	P106	CROCHET ARDOISE	75			
10	P107	POINTE INOX	32			
11	P108	POINTE GALVANISEE	26			
12	P109	POINTE TETE PLATE	34			
13	P110	VIS AUTO PERFOREUSE	25			
14						

E	F
DEMANDE DE PRIX	
DESIGNATION	PRIX U/KG HT
POINTE SANS TETE	=SI.NON.DISP(RECHERCHEV(E5;$B$2:$C$13;2;FAUX);"produit non disponible")
CROCHET ARDOISE	=SI.NON.DISP(RECHERCHEV(E6;$B$2:$C$13;2;FAUX);"produit non disponible")

Le si.non.disp() gère le code erreur #N/A qui signifie que la valeur recherchée n'existe pas. Dans notre cas la recherche de la désignation du produit doit faire apparaitre un message si celui-ci n'est pas dans la base de données. La fonction si.non.disp() doit donc englober la fonction de recherche.

Comme pour le sierreur(), on insère après le « ; » le message d'erreur que l'on veut voir apparaitre.

= recherchev(valeur de référence ; tableau de recherche ; colonne contenant le résultat ;valeur exacte)

Avec cette formule si la valeur recherchée n'existe pas le code erreur #N/A apparait, en englobant la formule dans un si.non.disp() on peut remplacer le code erreur par un message compréhensible.

=si.non.disp(formule de recherche ; « message personnalisé »)

Exercice 3 corrigé

	A	B	C	D	E	F
1						
2	SALARIES	CODE FORMATION	LIBELLE FORMATION		FORMATION	CODE
3	SALARIE 1	1	BUREAUTIQUE		BUREAUTIQUE	1
4	SALARIE 2	2	IMAGE		IMAGE	2
5	SALARIE 3	4	le code formation n'existe pas		GESTES ET POSTURES	3
6	SALARIE 4	3	GESTES ET POSTURES			
7	SALARIE 5	2	IMAGE			
8	SALARIE 6	1	BUREAUTIQUE			
9	SALARIE 7	3	GESTES ET POSTURES			
10	SALARIE 8	4	le code formation n'existe pas			
11	SALARIE 9	2	IMAGE			
12	SALARIE 10	3	GESTES ET POSTURES			
13						

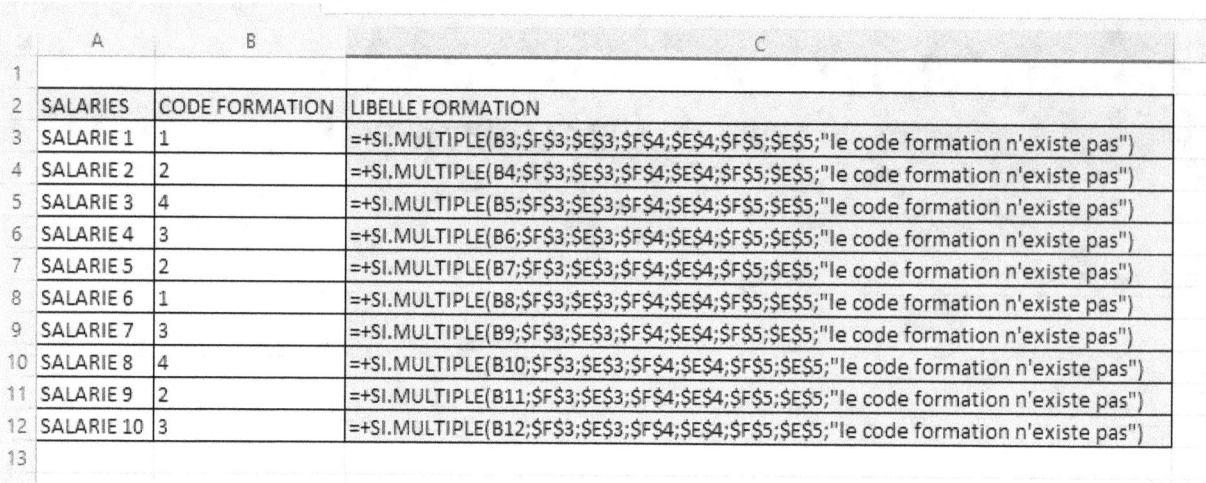

La formule si.multiple() permet de tester diverses solutions pour une cellule donnée.

Le code formation saisi par le salarié peut être 1, 2 ou 3 toute autre saisie est erronée, un message clair doit apparaitre pour permettre au salarié de corriger sa saisie.

=SI.MULTIPLE(La cellule à tester ;la valeur 1 à comparer ;la solution si c'est vrai ; la valeur 2 à comparer ;la solution si c'est vrai ; la valeur 3 à comparer ;la solution si c'est vrai ; le message à afficher s'il n'existe pas de solution)

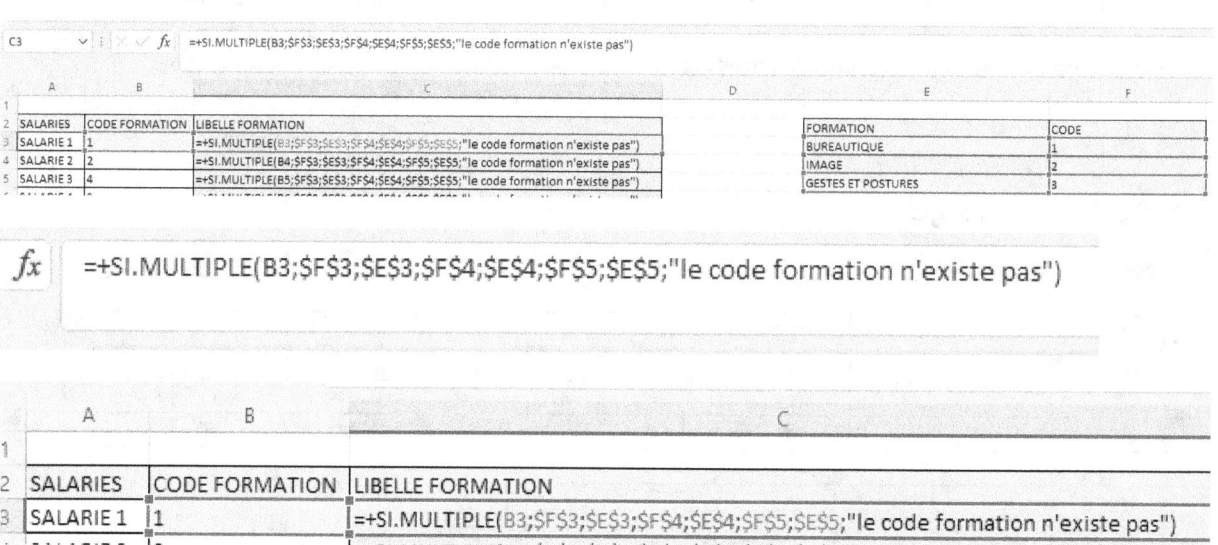

LES FONCTIONS DE RECHERCHE

Les fonctions de recherche permettent d'effectuer à partir d'une référence de réaliser des recherches aussi bien à la verticale qu'à l'horizontale dans une colonne, une ligne ou un tableau. Elles peuvent s'effectuer directement à partir de la feuille, du classeur ou d'un autre classeur Excel.

Recherche()

Cette fonction permet de récupérer à partir d'une référence le contenu d'une autre colonne, à condition que la première colonne du tableau soit classée de A à Z ou du plus petit au plus grand, sinon le risque est que le résultat ne soit qu'un résultat approchant

Recherche(référence, plage de référence, plage de résultat)

Cette formule fonctionne uniquement à partir de colonne, d'un tableau trié.

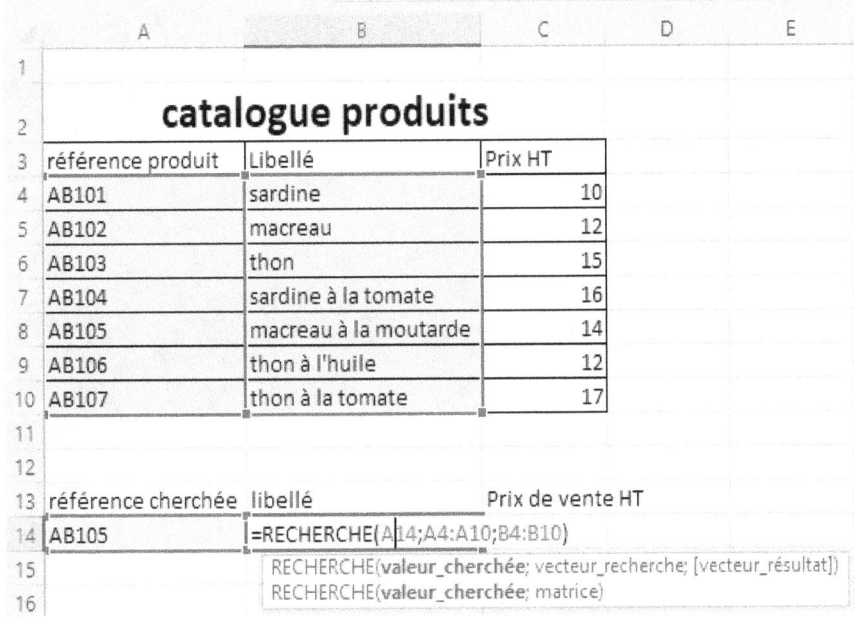

Exemple :

	référence cherchée	libellé	Prix de vente HT
14	AB105	macreau à la moutarde	
15			

	référence cherchée	libellé	Prix de vente HT
14	AB105	macreau à la moutarde	=RECHERCHE(A14;A4:A10;C4:C10)
15			

	référence cherchée	libellé	Prix de vente HT
14	AB105	macreau à la moutarde	14
15			
16			

RechercheV()

La fonction Recherchev() est une formule de recherche dans un tableau vertical. Elle permet de prendre en compte l'intégralité du tableau dans sa construction. Elle n'oblige pas à trier le tableau car dans ses paramètres il est possible de spécifier que le résultat doit être exact.

Recherchev(référence cherchée ; tableau de recherche ; numéro de la colonne contenant le résultat ;paramètre d'exactitude (Faux pour une valeur exacte) (vrai pour une valeur proche))

Exemple :

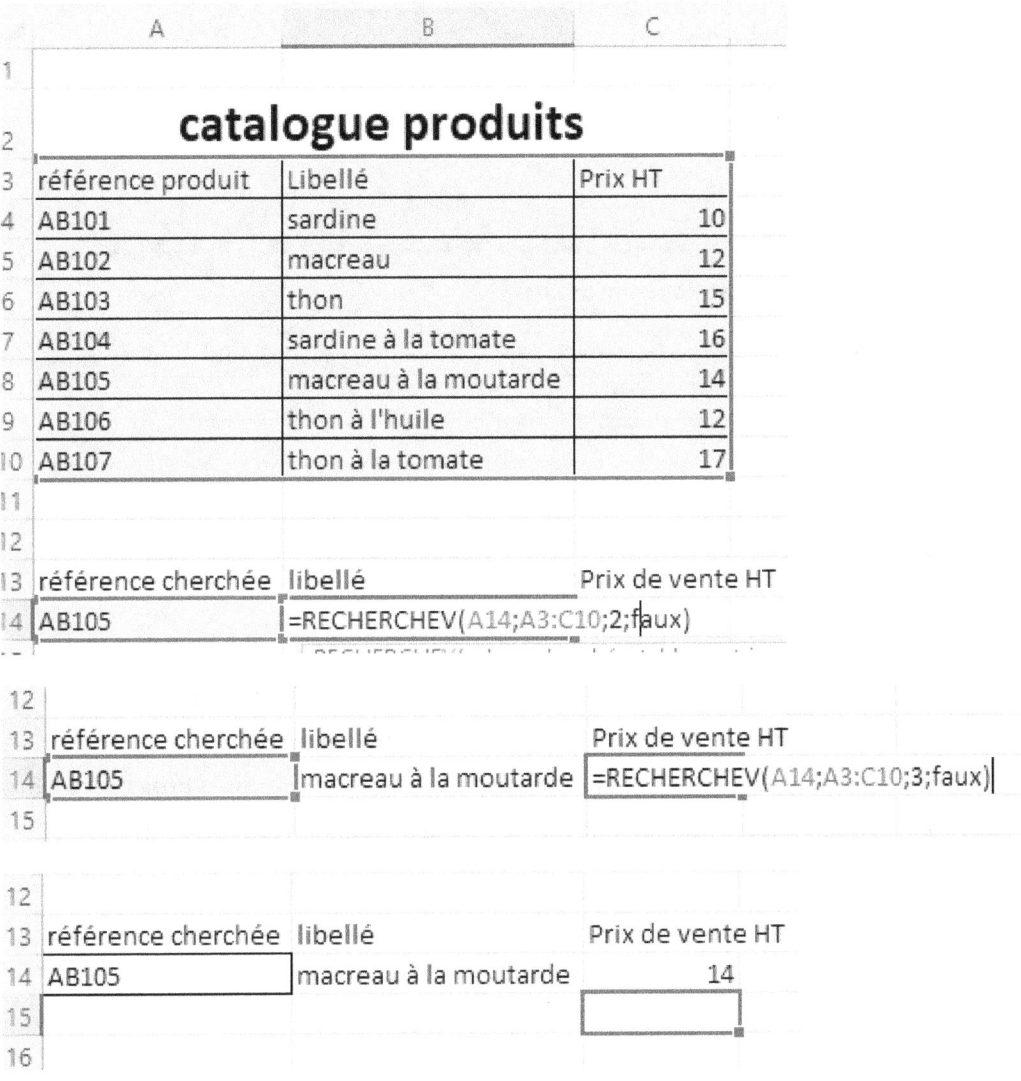

La même formule peut donc être étirée si besoin en utilisant la valeur absolue pour figer les plages ou cellules concernées, pour le numéro de colonne on peut soit le modifier manuellement ou utiliser les fonctions lignes() ou colonnes() en fonction de la construction du tableau de résultats

Exemple :

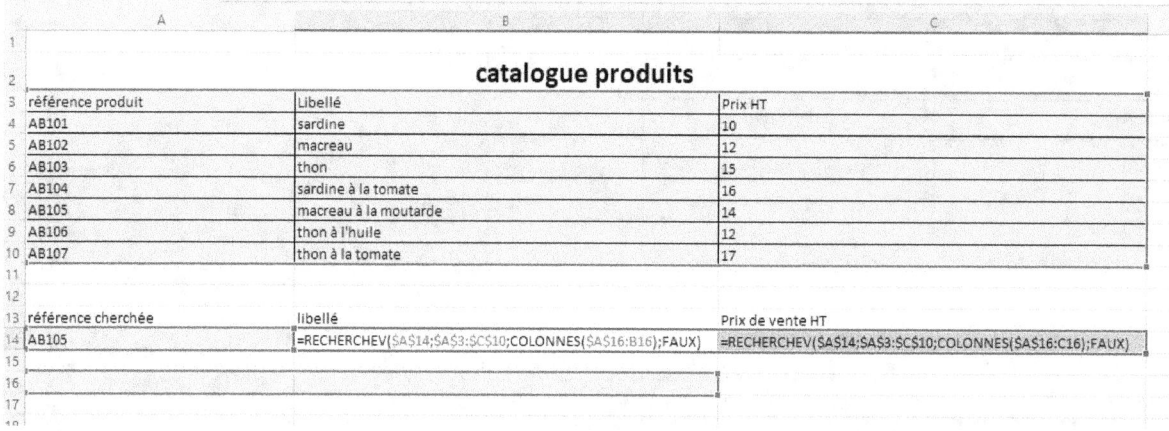

Ici le numéro de colonne est modifié manuellement, la plage de référence et celle de recherche sont figées.

	A	B	C
1			
2		catalogue produits	
3	référence produit	Libellé	Prix HT
4	AB101	sardine	10
5	AB102	macreau	12
6	AB103	thon	15
7	AB104	sardine à la tomate	16
8	AB105	macreau à la moutarde	14
9	AB106	thon à l'huile	12
10	AB107	thon à la tomate	17
11			
12			
13	référence cherchée	libellé	Prix de vente HT
14	AB105	=RECHERCHEV($A$14;$A$3:$C$10;COLONNES($A$16:B16);FAUX)	=RECHERCHEV($A$14;$A$3:$C$10;COLONNES($A$16:C16);FAUX)
15			
16			
17			

Ici la fonction colonnes() est utilisée pour remplacer le numéro de colonne. Cette fonction permet de compter le nombre de colonnes sélectionnées et de renvoyer le nombre comme résultat. L'astuce est de figer la première référence de cette plage ce qui permet si l'on recopie la formule sur la droite d'étendre naturellement la plage donc d'augmenter à chaque nouvelle colonne le résultat renvoyé de 1.

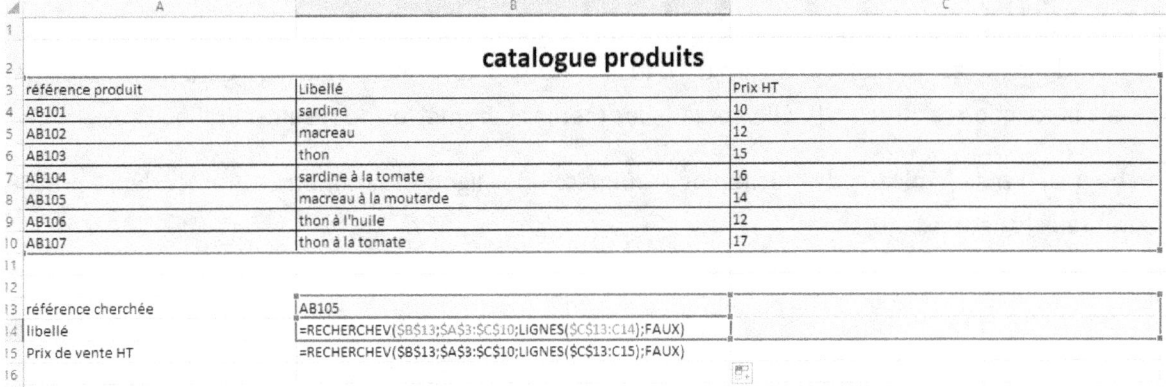

Ici dans le cas où les résultats sont attendus dans un affichage en colonne, la fonction lignes() permet de compter le nombre lignes sélectionnées et de renvoyer le résultat sous forme de nombre. Encore une fois l'astuce est de bloquer la première référence de cette sélection pour pouvoir étendre la sélection naturellement.

Dans ces exemples le paramètre « FAUX » est activé car le résultat attendu doit être exact.

Dans le cas d'un résultat approchant attendu

Exemple

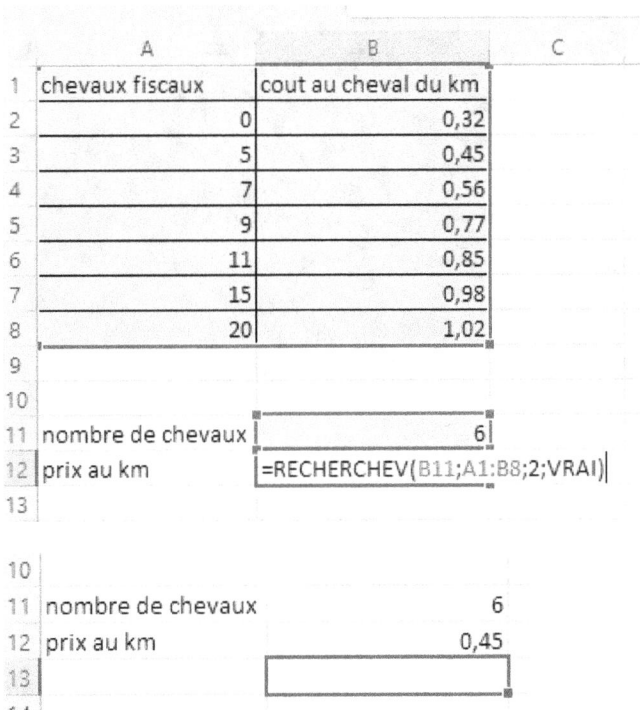

Dans ce cas le résultat est issu d'une tranche donc approchant avec la valeur inférieure la plus proche.

RechercheH()

Elle s'utilise dans le cas de tableaux construit dans un format horizontal. Le mode de paramétrage est identique à la fonction recherchev(). Elle possède les mêmes paramètres de résultat Vrai ou Faux.

Rechercheh(référence ;tableau de recherche ; numéro de ligne ; paramètre Vrai (valeur proche inférieure) faux (valeur exacte))

Exemple :

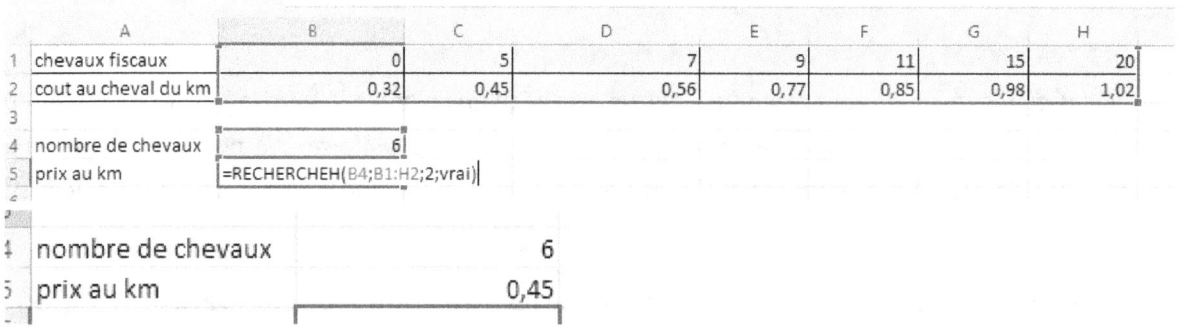

Exemple 2 :

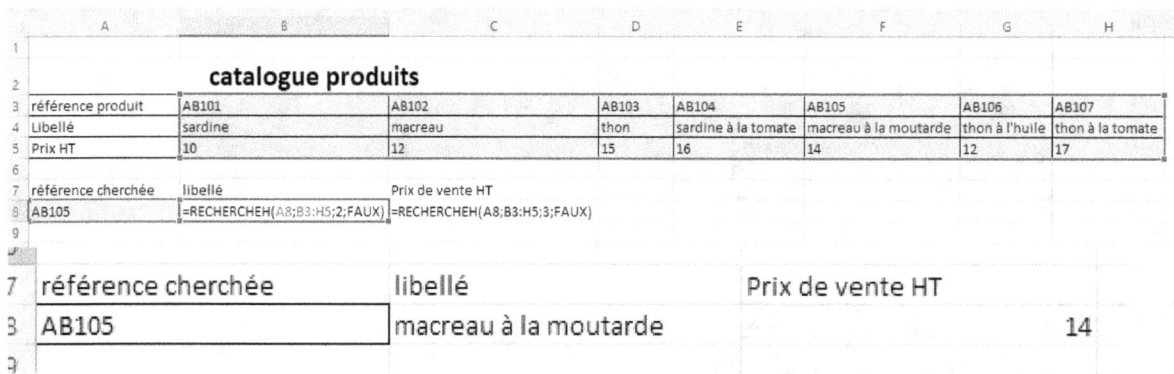

Cette fonction accepte bien sûr de travailler avec les fonctions lignes() et colonnes().

RechercheX()

Cette fonction gère la recherche en tableau, elle permet de gérer également les erreurs de recherche dans le cas où la référence recherchée n'existe pas, cela permet d'éviter de combiner cette formule est un sierreur() et ou un si() pour gérer les cellules vides.

Recherchex(référence cherchée ; plage de recherche ; plage de résultat ;retour en cas d'erreur (texte ou valeur que l'utilisateur renseigne)(facultatif) ; mode de correspondance (facultatif) ; mode de recherche (facultatif))

Mode de correspondance :

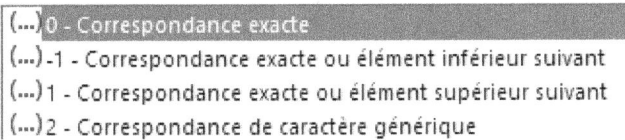

Mode de recherche :

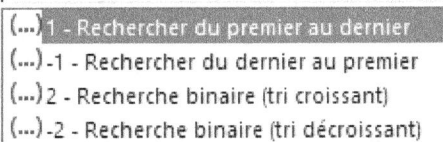

Exemple :

Exercice 1

A partir de la saisie du nom d'un salarié vous devez retrouver le titre du poste qu'il occupe au sein de l'entreprise.

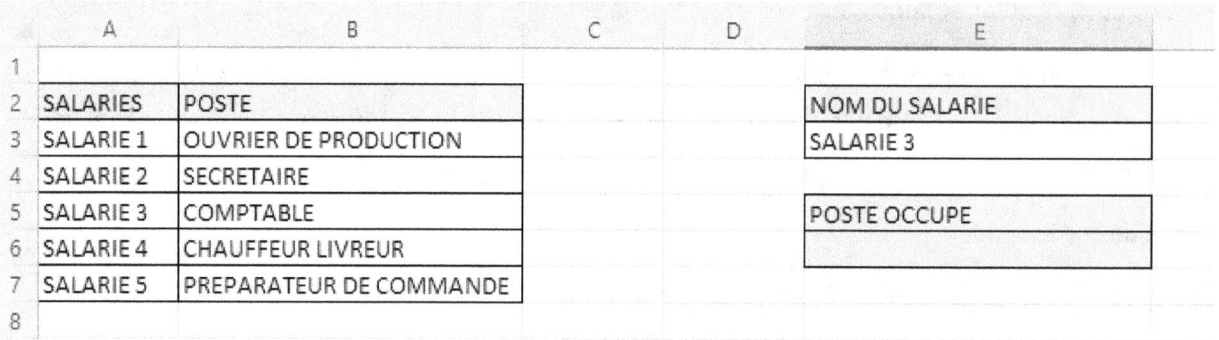

Exercice 2

Complétez le devis en effectuant la recherche des produits dans le catalogue, n'oubliez pas de compléter le pied du devis.

	A	B	C	D	E
1					
2	REFERENCE	DESIGNATION PRODUIT	PU HT		
3	A100	TEE SHIRT	10		
4	A250	JEAN	85		
5	B300	BASKETS BLANCHES	120		
6	C200	CAQUETTE NOIRE	25		
7					
8					
9	DEVIS				
10					
11	REF	DESIGNATION	QUANTITE	PU HT	HT
12	A100		10		
13	B300		5		
14	c200		12		
15			TOTAL HT		
16			TVA	20%	
17			TTC		
18					

Exercice 3

Complétez le devis en étirant vos formules sur les lignes vides également, faites en sorte qu'elles restent vides. Votre formule doit gérer une référence inexistante ou non valide, en laissant la désignation vide et en affichant un 0 dans la colonne prix.

	A	B	C	D	E
1					
2	REFERENCE	DESIGNATION PRODUIT	PU HT		
3	A100	TEE SHIRT	10		
4	A250	JEAN	85		
5	B300	BASKETS BLANCHES	120		
6	C200	CAQUETTE NOIRE	25		
7					
8					
9	DEVIS				
10					
11	REF	DESIGNATION	QUANTITE	PU HT	HT
12	A100		10		
13	B300		5		
14	c200		12		
15					
16					
17					
18					
19					
20			TOTAL HT		
21			TVA	20%	
22			TTC		
23					

Exercice 4

Complétez le tableau de remboursement des frais kilométriques, vous avez à votre disposition un tableau des taux par tranches en fonction de la puissance fiscale.

	A	B	C	D	E	F
1						
2	PUISSANCE FISCALE	TAUX KILOMETRIQUE		KM PARCOURUS	PUISSANCE FISCALE DU VEHICULE	REMBOURSMENT DES FRAIS
3	1	0,22		250	6	
4	4	0,26				
5	6	0,32				
6	8	0,34				
7	10	0,36				
8	13	0,40				
9	17	0,45				
10	20	0,50				
11	50	0,55				

Exercice 5

Faites afficher la capitale en fonction du pays choisi dans la liste déroulante en B8.

	A	B	C	D	E	F	G
1							
2							
3	PAYS	France	Espagne	Royaume Uni	Allemagne	Suisse	Italie
4	CAPITALE	Paris	Madrid	Londres	Berlin	Bonn	Rome
5							
6							
7							
8	LISTE PAYS	Allemagne					
9	CAPITALE						
10							
11							

Exercice 6

Calculez le montant des frais de transport en fonction du poids du colis.

	A	B	C	D	E	F	G
1							
2	POIDS	0 kg	5 kg	10 kg	15 kg	25 kg	50 kg
3	TARIF	10,00 €	30,00 €	45,00 €	60,00 €	75,00 €	100,00 €
4							
5							
6	POIDS COLIS EXPEDIE	4,99 kg					
7	TARIF						
8							
9							

Exercice 7

A partir du salaire retrouvez les informations sur le salarié. Faites apparaitre un message d'erreur si le salaire n'est pas répertorié dans la base.

	A	B	C	D	E	F	G	H
1								
2	MATRICULE SALARIE	NOM SALARIE	SALAIRE BRUT	STATUT		SALAIRE RECHERCHE		
3	SAL001	DUPONT	2 540,00 €	NON CADRE		3 254,00 €		
4	SAL002	DURAND	3 251,00 €	CADRE				
5	SAL003	MARTIN	1 569,00 €	NON CADRE				
6	SAL004	CHEVRIER	1 874,00 €	NON CADRE			RESULTAT	
7	SAL005	CABARET	2 256,00 €	NON CADRE		MATRICULE SALARIE	SALARIE	STATUT
8	SAL006	ALBERT	3 254,00 €	CADRE				
9	SAL007	MORIN	1 987,00 €	NON CADRE				
10	SAL008	MOREAU	1 684,00 €	NON CADRE				
11	SAL009	PAIN	3 256,00 €	CADRE				
12	SAL010	ARGNON	4 569,00 €	CADRE				
13								

Exercice 8

A partir de l'ancienneté trouvez les informations sur le salarié concerné ou sur celui qui a l'ancienneté la plus proche en valeur inférieure.

	A	B	C	D	E	F	G	H
1								
2	MATRICULE SALARIE	NOM SALARIE	SALAIRE BRUT	ANCIENNETE		ANCIENNETE		
3	SAL001	DUPONT	2 540,00 €	2		16		
4	SAL002	DURAND	3 251,00 €	5				
5	SAL003	MARTIN	1 569,00 €	8			RESULTAT	
6	SAL004	CHEVRIER	1 874,00 €	12		MATRICULE SALARIE	SALARIE	SALAIRE
7	SAL005	CABARET	2 256,00 €	15				
8	SAL006	ALBERT	3 254,00 €	23				
9	SAL007	MORIN	1 987,00 €	10				
10	SAL008	MOREAU	1 684,00 €	1				
11	SAL009	PAIN	3 256,00 €	5				
12	SAL010	ARGNON	4 569,00 €	9				
13								

Exercice 1 corrigé

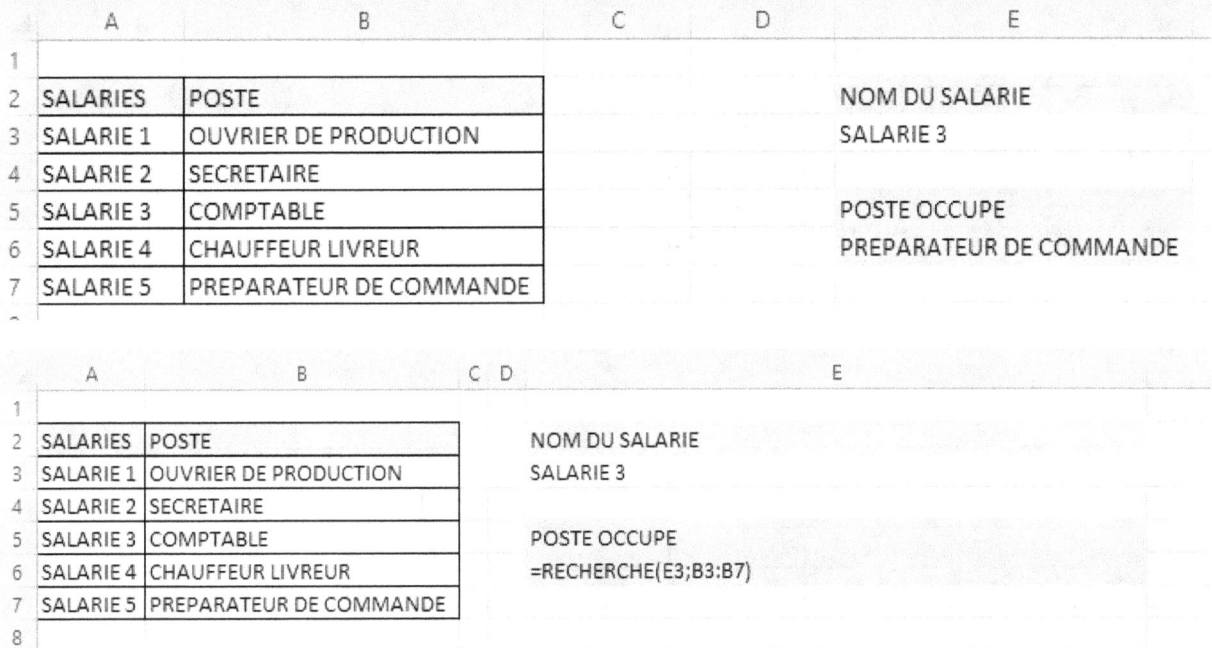

A partir de la valeur contenue dans la cellule E3 il faut aller chercher le résultat dans la colonne de B3 à B7.

=recherche(valeur cherchée ; plage de résultat)

E6=(recherche(E3 ;B3 :B7)

Cette fonction oblige l'utilisateur à classer son tableau en ordre croissant sur la 1ère colonne du tableau.

Exercice 2 corrigé

	A	B	C	D	E
1					
2	REFEREN	DESIGNATION PROD	PU HT		
3	A100	TEE SHIRT	10,00 €		
4	A250	JEAN	85,00 €		
5	B300	BASKETS BLANCHES	120,00 €		
6	C200	CAQUETTE NOIRE	25,00 €		
7					
8					
9	DEVIS				
10					
11	REF	DESIGNATION	QUANTITE	PU HT	HT
12	A100	TEE SHIRT	10	10,00 €	100,00 €
13	B300	BASKETS BLANCHES	5	120,00 €	600,00 €
14	c200	CAQUETTE NOIRE	12	25,00 €	300,00 €
15			TOTAL HT		1 000,00 €
16			TVA	20%	200,00 €
17			TTC		1 200,00 €

	A	B	C	D	E
1					
2	REFERENCE	DESIGNATION PRODUIT	PU HT		
3	A100	TEE SHIRT	10		
4	A250	JEAN	85		
5	B300	BASKETS BLANCHES	120		
6	C200	CAQUETTE NOIRE	25		
7					
8					
9	DEVIS				
10					
11	REF	DESIGNATION	QUANTITE	PU HT	HT
12	A100	=RECHERCHEV($A12;$A$3:$C$6;2;FAUX)	10	=RECHERCHEV($A12;$A$3:$C$6;3;FAUX)	=D12*C12
13	B300	=RECHERCHEV($A13;$A$3:$C$6;2;FAUX)	5	=RECHERCHEV($A13;$A$3:$C$6;3;FAUX)	=D13*C13
14	c200	=RECHERCHEV($A14;$A$3:$C$6;2;FAUX)	12	=RECHERCHEV($A14;$A$3:$C$6;3;FAUX)	=D14*C14
15			TOTAL HT		=SOMME(E12:E14)
16			TVA	0,2	=E15*D16
17			TTC		=SOMME(E15:E16)
18					

Le catalogue contenant les informations se trouve dans la plage de A3 à C6, il se compose de 3 colonnes. La première sert de référence donc de liaison avec les valeurs utilisées pour la recherche avec le devis. Il se présente sous forme de colonnes.

Dans le devis la saisie de la référence de l'article doit déclencher l'apparition de la désignation et du prix unitaire hors taxes.

La fonction RECHERCHEV() (recherche verticale) va résoudre le problème posé.

L'utilisation des $ (touche F4) va permettre d'étirer la fonction sur toutes les lignes du devis.

B12=recherchev(la valeur cherchée ; le tableau de résultats ; la colonne contenant le résultat ; le paramètre d'exactitude)

B12=RECHERCHEV($A12;$A$3:$C$6;2;FAUX) la formule est étirée de B12 à B14

Le blocage de la valeur de la cellule A12 uniquement sur la colonne (un $ devant la lettre A) permet d'étirer la formule sur les 3 autres lignes.

Le blocage complet de la plage de recherche ($ devant la lettre et $ du numéro de ligne) évite de perdre des informations lors de l'étirement de la formule sur les lignes suivantes, le tableau de résultats reste une valeur fixe.

Le 2 indique le résultat attendu se trouve dans la colonne 2 de la plage de recherche.

Le paramètre FAUX renverra un code erreur si la référence saisie est inexacte.

La formule est identique pour la cellule D12 sauf en ce qui concerne la colonne de résultat, ici la colonne concernée est la 3.

D12=RECHERCHEV($A12;$A$3:$C$6;3;FAUX) la formule est étirée de D12 à D14

L'obtention du total de la ligne s'obtient en multipliant la quantité par le prix unitaire obtenu lors de la formule précédente.

E12= quantité x PU

E12= D12*C12 la formule est étirée de E12 à E14.

En E15 une somme automatique ∑ Somme automatique permettra d'obtenir le total des 3 lignes précédentes.

E12=somme(E12 :E14)

Le calcul du montant de la TVA, le taux est indiqué dans la cellule D16, il va donc être inclus dans le calcul.

E16=taux de TVA X total HT

E16= E15*D16

Le TTC est la somme du Total HT et du montant de la TVA.

E17=TVA+ total HT ➔ E17= E15+E16

Exercice 3 corrigé

	A	B	C	D	E
1					
2	REFERENCE	DESIGNATION PRODUIT	PU HT		
3	A100	TEE SHIRT	10		
4	A250	JEAN	85		
5	B300	BASKETS BLANCHES	120		
6	C200	CAQUETTE NOIRE	25		
7					
8					
9	DEVIS				
10					
11	REF	DESIGNATION	QUANTITE	PU HT	HT
12	A100	TEE SHIRT	10	10,00 €	100,00 €
13	B300	BASKETS BLANCHES	5	120,00 €	600,00 €
14	c200	CAQUETTE NOIRE	12	25,00 €	300,00 €
15				- €	- €
16				- €	- €
17				- €	- €
18				- €	- €
19				- €	- €
20			TOTAL HT		1 000,00 €
21			TVA	20%	200,00 €
22			TTC		1 200,00 €

	A	B	C	D	E
1					
2	REFERENCE	DESIGNATION PRODUIT	PU HT		
3	A100	TEE SHIRT	10		
4	A250	JEAN	85		
5	B300	BASKETS BLANCHES	120		
6	C200	CAQUETTE NOIRE	25		
7					
8					
9	DEVIS				
10					
11	REF	DESIGNATION	QUANTITE	PU HT	HT
12	A100	=SI.NON.DISP(RECHERCHEV($A12;$A$3:$C$6;2;FAUX);"")	10	=SI.NON.DISP(RECHERCHEV($A12;$A$3:$C$6;3;FAUX);0)	=D12*C12
13	B300	=SI.NON.DISP(RECHERCHEV($A13;$A$3:$C$6;2;FAUX);"")	5	=SI.NON.DISP(RECHERCHEV($A13;$A$3:$C$6;3;FAUX);0)	=D13*C13
14	c200	=SI.NON.DISP(RECHERCHEV($A14;$A$3:$C$6;2;FAUX);"")	12	=SI.NON.DISP(RECHERCHEV($A14;$A$3:$C$6;3;FAUX);0)	=D14*C14
15		=SI.NON.DISP(RECHERCHEV($A15;$A$3:$C$6;2;FAUX);"")		=SI.NON.DISP(RECHERCHEV($A15;$A$3:$C$6;3;FAUX);0)	=D15*C15
16		=SI.NON.DISP(RECHERCHEV($A16;$A$3:$C$6;2;FAUX);"")		=SI.NON.DISP(RECHERCHEV($A16;$A$3:$C$6;3;FAUX);0)	=D16*C16
17		=SI.NON.DISP(RECHERCHEV($A17;$A$3:$C$6;2;FAUX);"")		=SI.NON.DISP(RECHERCHEV($A17;$A$3:$C$6;3;FAUX);0)	=D17*C17
18		=SI.NON.DISP(RECHERCHEV($A18;$A$3:$C$6;2;FAUX);"")		=SI.NON.DISP(RECHERCHEV($A18;$A$3:$C$6;3;FAUX);0)	=D18*C18
19		=SI.NON.DISP(RECHERCHEV($A19;$A$3:$C$6;2;FAUX);"")		=SI.NON.DISP(RECHERCHEV($A19;$A$3:$C$6;3;FAUX);0)	=D19*C19
20				TOTAL HT	=SOMME(E12:E19)
21			TVA	0,2	=E20*D21
22				TTC	=SOMME(E20:E21)

Cet exercice est le même que le précédent cependant le devis inclus des lignes vides, qu'il faut donc gérer dans la construction de la formule pour éviter d'avoir des codes erreur sur les lignes restant vides.

Les fonctions RECHERCHEV() vont donc être insérées dans la fonction vue précédemment SI.NON.DISP().

L'utilisation de cette fonction va permettre d'insérer un substitut au code erreur renvoyé par la RECHERCHEV(). En fonction de l'emplacement de la formule un texte vide sera attendu ou une valeur 0.

B12=si.non.disp(recherchev(la valeur cherchée ; le tableau de résultats ; la colonne contenant le résultat ; le paramètre d'exactitude) ;valeur de remplacement du code erreur)

B12= SI.NON.DISP(RECHERCHEV($A12;$A$3:$C$6;2;FAUX);""), l'insertion des 2 « « » après la RECHERCEHV5° permet de laisser vider la cellule contenant la désignation si la ligne ne contient pas de référence dans la colonne A, la formule est étirée de B12 à B19

Le blocage de la valeur de la cellule A12 uniquement sur la colonne (un $ devant la lettre A) permet d'étirer la formule sur les 7 autres lignes.

Le blocage complet de la plage de recherche ($ devant la lettre et $ du numéro de ligne) évite de perdre des informations lors de l'étirement de la formule sur les lignes suivantes, le tableau de résultats reste une valeur fixe.

Le 2 indique le résultat attendu se trouve dans la colonne 2 de la plage de recherche.

Le paramètre FAUX renverra un code erreur si la référence saisie est inexacte.

La formule est identique pour la cellule D12 sauf en ce qui concerne la colonne de résultat, ici la colonne concernée est la 3 pour ce qui concerne la RECHERCHEV(). Pour le SI.NON.DISP() pour préserver les formules de calcul des totaux cette fois la valeur de remplacement du code erreur sera un 0.

D12= SI.NON.DISP(RECHERCHEV($A12;$A$3:$C$6;3;FAUX);0) ce qui affichera un 0 dans la colonne PU si la colonne A ne contient pas de référence à aller rechercher. La formule sera étirée de D12 à D19.

L'obtention du total de la ligne s'obtient en multipliant la quantité par le prix unitaire obtenu lors de la formule précédente.

E12= quantité x PU

E12= D12*C12 la formule est étirée de E12 à E19.

En E20 une somme automatique permettra d'obtenir le total des 3 lignes précédentes.

E20=somme(E12 :E19)

Le calcul du montant de la TVA, le taux est indiqué dans la cellule D21, il va donc être inclus dans le calcul.

E21=taux de TVA X total HT

E21= E20*D21

Le TTC est la somme du Total HT et du montant de la TVA.

E22=TVA+ total HT

E22= E20+E21

Exercice 4 corrigé

	A	B	C	D	E	F
1						
2	PUISSANCE FISCALE	TAUX KILOMETRIQUE		KM PARCOURUS	PUISSANCE FISCALE DU VEHICULE	REMBOURSMENT DES FRAIS
3	1	0,22		250	6	80
4	4	0,26				
5	6	0,32				
6	8	0,34				
7	10	0,36				
8	13	0,40				
9	17	0,45				
10	20	0,50				
11	50	0,55				

	A	B	C	D	E	F
1						
2	PUISSANCE FISCALE	TAUX KILOMETRIQUE		KM PARCOURUS	PUISSANCE FISCALE DU	REMBOURSMENT DES FRAIS
3	1	0,22		250	6	=RECHERCHEV(E3;A3:B11;2;VRAI)*D3
4	4	0,26				
5	6	0,32				
6	8	0,34				
7	10	0,36				
8	13	0,4				
9	17	0,45				
10	20	0,5				
11	50	0,55				

Le tableau de résultat contient des informations sous forme de tranches, il est en colonne ce qui implique une RECHERCHEV(). Le résultat attendu est fonction de la tranche qui contient la valeur recherchée, par défaut c'est toujours la valeur inférieure ou égale qui sera retenue, cette information va être indiquée dans la formule construite par l'utilisation du paramètre VRAI.

F3=recherchev(valeur recherchée ; tableau de résultats ;colonne contenant le résultat ; paramètre valeur approximative inférieure ou égale)X par le nombre de KM parcourus.

F3= RECHERCHEV(E3;A3:B11;2;VRAI)*D3

Exercice 5 corrigé

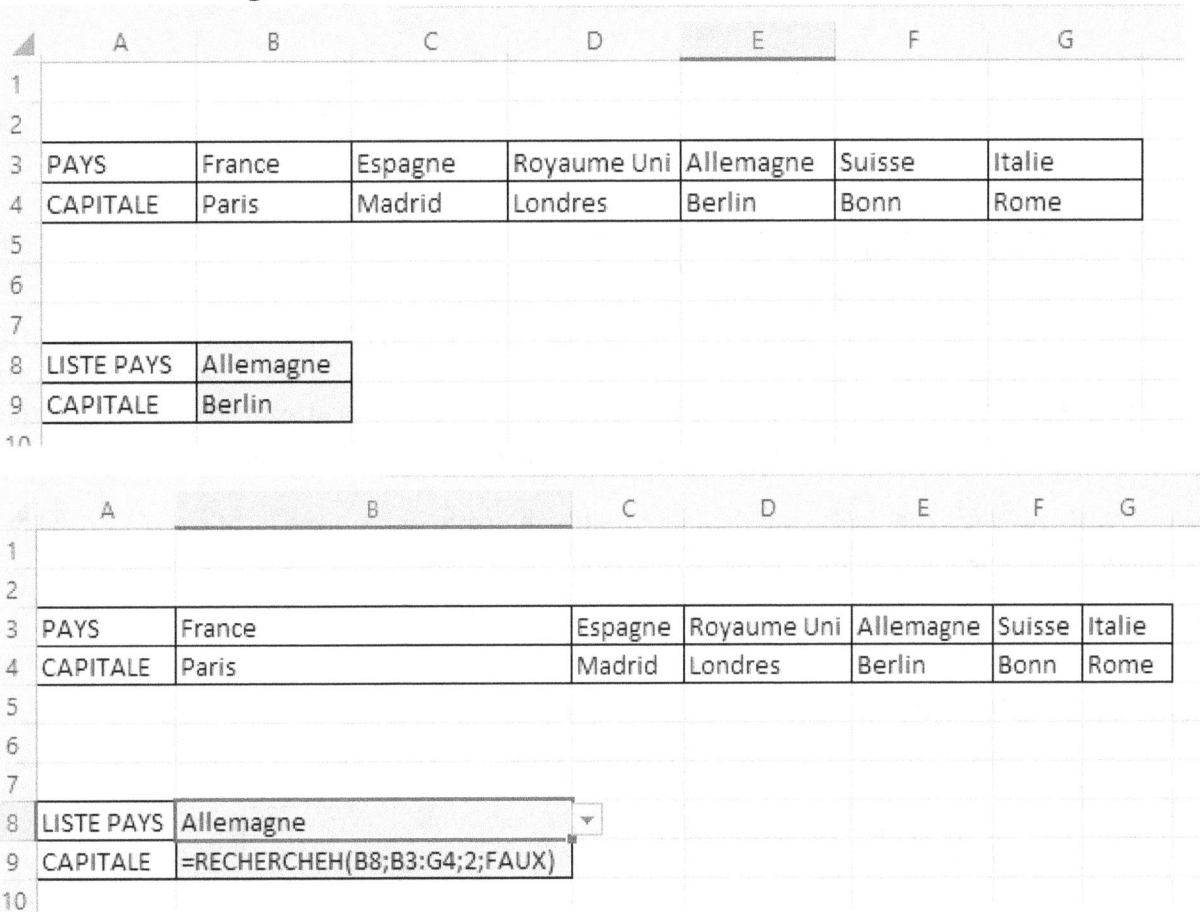

Le tableau résultat est présenté en lignes, ce qui implique l'utilisation de la fonction RECHERCHEH(). Le résultat attendu de la recherche est contenu dans la ligne 2 du tableau.

B9=rechercheh(valeur cherchée ;le tableau de résultats ;le numéro de ligne ; le paramètre de valeur exacte)

B9= RECHERCHEH(B8;B3:G4;2;FAUX)

Exercice 6 corrigé

	A	B	C	D	E	F	G
1							
2	POIDS	0 kg	5 kg	10 kg	15 kg	25 kg	50 kg
3	TARIF	10,00 €	30,00 €	45,00 €	60,00 €	75,00 €	100,00 €
4							
5							
6	POIDS COLIS EXPEDIE	4,99 kg					
7	TARIF	10,00 €					
8							

	A	B	C	D	E	F	G
1							
2	POIDS	0		5	10	15	25	50
3	TARIF	10		30	45	60	75	100
4							
5							
6	POIDS COLIS EXPEDIE	4,987					
7	TARIF	=RECHERCHEH(B6;B2:G3;2;VRAI)					
8							

La valeur recherchée est le résultat d'une tranche de valeurs, le paramètre utilisé dans la fonction RECHERCHEH() doit donc indiquer que l'on recherche une valeur identique ou inférieure.

B7=recherheh(valeur cherchée ; tableau de résultats ;numéro de la ligne contenant le résultat ; paramètre de valeur approchante inférieure ou égale)

B7= RECHERCHEH(B6;B2:G3;2;VRAI)

Exercice 7 corrigé

	A	B	C	D	E	F	G	H
1								
2	MATRICULE SALARIE	NOM SALARIE	SALAIRE BRUT	STATUT		SALAIRE RECHERCHE		
3	SAL001	DUPONT	2 540,00 €	NON CADRE		3 254,00 €		
4	SAL002	DURAND	3 251,00 €	CADRE				
5	SAL003	MARTIN	1 569,00 €	NON CADRE			RESULTAT	
6	SAL004	CHEVRIER	1 874,00 €	NON CADRE		MATRICULE SALARIE	SALARIE	STATUT
7	SAL005	CABARET	2 256,00 €	NON CADRE		SAL006	ALBERT	CADRE
8	SAL006	ALBERT	3 254,00 €	CADRE				
9	SAL007	MORIN	1 987,00 €	NON CADRE				
10	SAL008	MOREAU	1 684,00 €	NON CADRE				
11	SAL009	PAIN	3 256,00 €	CADRE				
12	SAL010	ARGNON	4 569,00 €	CADRE				

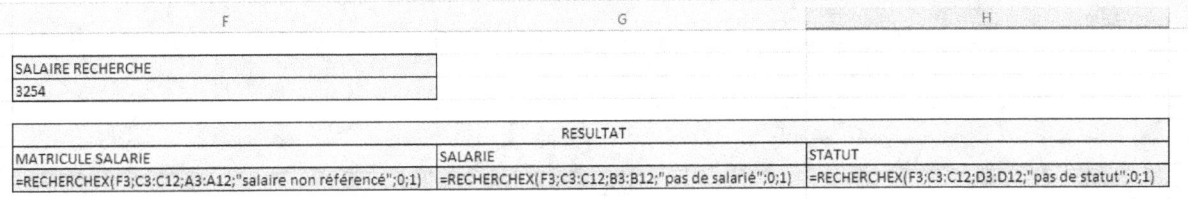

La recherche à mener se fait sur une valeur qui n'est pas contenu dans la première colonne du tableau de résultats, la fonction attendue est donc une RECHERCHEX().

Cette fonction permet de gérer les erreurs en incluant directement le message à faire apparaitre en cas de recherche sans résultat. Les paramètres supplémentaires permettent d'obliger la fonction à effectuer une recherche exacte et à comparer tous les résultats avant d'afficher la réponse attendue.

F7=recherchex(valeur cherchée ; colonne contenant la référence cherchée ;colonne contenant le résultat attendu ;message en cas d'erreur ;paramètre d'exactitude de la réponse attendue ;paramètre de gestion de l'ordre des résultats)

F7= RECHERCHEX(F3;C3:C12;A3:A12;"salaire non référencé";0;1)

G7= RECHERCHEX(F3;C3:C12;B3:B12;"pas de salarié";0;1)

H7= RECHERCHEX(F3;C3:C12;D3:D12;"pas de statut";0;1)

Dans ces 3 formules seule la colonne de résultat est différente, elle est adaptée au résultat attendu.

Exercice 8 corrigé

	A	B	C	D	E	F	G	H
1								
2	MATRICULE SALARIE	NOM SALARIE	SALAIRE BRUT	ANCIENNETE		ANCIENNETE		
3	SAL001	DUPONT	2 540,00 €	2		16		
4	SAL002	DURAND	3 251,00 €	5				
5	SAL003	MARTIN	1 569,00 €	8		RESULTAT		
6	SAL004	CHEVRIER	1 874,00 €	12		MATRICULE SALARIE	SALARIE	SALAIRE
7	SAL005	CABARET	2 256,00 €	15		SAL005	CABARET	2 256,00 €
8	SAL006	ALBERT	3 254,00 €	23				
9	SAL007	MORIN	1 987,00 €	10				
10	SAL008	MOREAU	1 684,00 €	1				
11	SAL009	PAIN	3 256,00 €	5				
12	SAL010	ARGNON	4 569,00 €	9				
13								

F	G	H
ANCIENNETE		
16		
	RESULTAT	
MATRICULE SALARIE	SALARIE	SALAIRE
=RECHERCHEX(F3;D3:D12;A3:A12;;-1;1)	=RECHERCHEX(F3;D3:D12;B3:B12;;-1;1)	=RECHERCHEX(F3;D3:D12;C3:C12;;-1;1)

Dans cet exercice une valeur exacte n'est pas obligatoirement attendue, on accepte une valeur inférieure si la référence cherchée est inexistante dans la base.

Dans ce cas il faut faire abstraction du message d'erreur pour pouvoir afficher une valeur inférieure. La subtilité va résider dans les paramètres finaux de la fonction.

Pour la valeur approchante inférieure le paramètre sera de -1.

Pour prendre en compte tous les résultats avant d'afficher celui attendu il faut obliger Excel à tous les comparer sans s'arrêter au premier ici on utilisera le 1.

F7=recherchex(la référence cherchée ; la colonne contenant cette référence ; la colonne contenant le résultat attendu ;pas de message d'erreur on met le ; tout de suite après le précédent ; le paramètre d'approximation de la valeur ; la prise en compte des résultats)

F7= RECHERCHEX(F3;D3:D12;A3:A12;;-1;1)

G7= RECHERCHEX(F3;D3:D12;B3:B12;;-1;1)

H7= RECHERCHEX(F3;D3:D12;C3:C12;;-1;1)

Attention à ne pas oublier le double « ; » car son absence génèrera une erreur d'affichage.

Seule la plage d'obtention des résultats différencie ces 3 formules.

LES FONCTIONS DENOMBREMENT

Les fonctions nombres

Les fonctions permettant de dénombrer sont nombreuses et surtout très pointues dans le résultat attendu.

La fonction NB()

Cette fonction permet de connaitre le nombre de cellules de la plage sélectionnée contenant des valeurs numériques uniquement.

Exemple : des stagiaires ont suivi une formation, la validation dépend du passage de l'examen et de la note obtenue. Sur les 23 stagiaires il faut déterminer le nombre de notes décernées.

	A	B	C
1	stagiaires	SEXES	NOTES
2	stagiaire1	F	14
3	stagiaire2	H	
4	stagiaire3	F	13
5	stagiaire4	F	Excusée
6	stagiaire5	H	8
7	stagiaire6	H	11
8	stagiaire7	F	ABS
9	stagiaire8	F	10
10	stagiaire9	H	8
11	stagiaire10	H	6
12	stagiaire11	F	6
13	stagiaire12	H	10
14	stagiaire13	F	ABS
15	stagiaire14	H	7
16	stagiaire15	F	8
17	stagiaire16	H	
18	stagiaire17	F	8
19	stagiaire18	H	
20	stagiaire19	F	8
21	stagiaire20	H	8
22	stagiaire21	F	13
23	stagiaire22	H	16
24	stagiaire23	H	10

Nombre de stagiaires notés	

La fonction NB() va permettre de compter uniquement le nombre de cellules contenant des valeurs numériques de la colonne C.

=NB(C2 :C24)

Nombre de stagiaires notés	=nb(C2:C24)

NB(**valeur1**; [valeur2]; ...)

Nombre de stagiaires notés	17

Cette fonction NB() est disponible dans la liste des fonctions programmées du ∑ Somme automatique ˅ du ruban « Accueil » ou du ruban « Formules »

La fonction NBVAL()

Cette fonction permet de compter le nombre de cellules non vides dans la plage sélectionnée. Reprenons notre exemple et vérifions le nombre de stagiaires.

	A	B	C
1	stagiaires	SEXES	NOTES
2	stagiaire1	F	14
3	stagiaire2	H	
4	stagiaire3	F	13
5	stagiaire4	F	Excusée
6	stagiaire5	H	8
7	stagiaire6	H	11
8	stagiaire7	F	ABS
9	stagiaire8	F	10
10	stagiaire9	H	8
11	stagiaire10	H	6
12	stagiaire11	F	6
13	stagiaire12	H	10
14	stagiaire13	F	ABS
15	stagiaire14	H	7
16	stagiaire15	F	8
17	stagiaire16	H	
18	stagiaire17	F	8
19	stagiaire18	H	
20	stagiaire19	F	8
21	stagiaire20	H	8
22	stagiaire21	F	13
23	stagiaire22	H	16
24	stagiaire23	H	10

=NBVAL(A2 :A24) Excel va compter le nombre de cellules contenant une valeur alphanumérique ou numérique.

Nombre de stagiaires	=NBVAL(A2:A24)
Nombre de stagiaires notés	NBVAL(**valeur1**; [valeur2]; ...)
Nombre de stagiaires	23

La fonction NB.SI()

Cette fonction permet de compter le nombre de fois ou une valeur déterminée se trouve dans la plage de cellules sélectionnée.

Si la valeur cherchée est une valeur numérique et qu'elle est saisie, elle le sera sans « « par contre si la valeur cherchée est alphanumérique ou utilise des comparatifs de grandeur ou d'égalité elle sera précédée et suivie de « « .

Exemple :

Reprenons nos stagiaires et déterminons le nombre de femmes et d'hommes.

	A	B	C
1	stagiaires	SEXES	NOTES
2	stagiaire1	F	14
3	stagiaire2	H	
4	stagiaire3	F	13
5	stagiaire4	F	Excusée
6	stagiaire5	H	8
7	stagiaire6	H	11
8	stagiaire7	F	ABS
9	stagiaire8	F	10
10	stagiaire9	H	8
11	stagiaire10	H	6
12	stagiaire11	F	6
13	stagiaire12	H	10
14	stagiaire13	F	ABS
15	stagiaire14	H	7
16	stagiaire15	F	8
17	stagiaire16	H	
18	stagiaire17	F	8
19	stagiaire18	H	
20	stagiaire19	F	8
21	stagiaire20	H	8
22	stagiaire21	F	13
23	stagiaire22	H	16
24	stagiaire23	H	10

Nombre de femmes	
Nombre d'hommes	

Dans la colonne B les individus sont différenciés soient par un H ou par un F.

NB.SI(B2 :B24 ; « F »)

Nombre de femmes	=NB.SI(B2:B24;"F")
Nombre d'hommes	=NB.SI(B2:B24;"h")

NB.SI(B2 :B24 ; « H »)

Nombre de femmes	11
Nombre d'hommes	12

Compliquons un peu, comptons les notes obtenues supérieures à 10

NB.SI(C2 :c24 ; »>10 ») le symbole > est considéré comme du texte ce qui oblige à utiliser les « « pour entourer le critère.

Nombre de notes supérieures à 10	=nb.si(C2:C24;">10")

Nombre de notes supérieures à 10	5

La fonction NB.VIDE()

A l'inverse de NB() ou de NBVAL() elle a pour but de compter le nombre de cellules vides dans la plage sélectionnée.

Exemple : comptons le nombre de stagiaires qui ont aucune note ou aucune excuse.

	A	B	C
1	stagiaires	SEXES	NOTES
2	stagiaire1	F	14
3	stagiaire2	H	
4	stagiaire3	F	13
5	stagiaire4	F	Excusée
6	stagiaire5	H	8
7	stagiaire6	H	11
8	stagiaire7	F	ABS
9	stagiaire8	F	10
10	stagiaire9	H	8
11	stagiaire10	H	6
12	stagiaire11	F	6
13	stagiaire12	H	10
14	stagiaire13	F	ABS
15	stagiaire14	H	7
16	stagiaire15	F	8
17	stagiaire16	H	
18	stagiaire17	F	8
19	stagiaire18	H	
20	stagiaire19	F	8
21	stagiaire20	H	8
22	stagiaire21	F	13
23	stagiaire22	H	16
24	stagiaire23	H	10

Nombre de stagiaires non notés/non excusés	

NB.Vide(C2 :C23)

Nombre de stagiaires non notés/non excusés	=NB.VIDE(C2:C24)

Nombre de stagiaires non notés/non excusés	3

La fonction NBCAR()

La fonction NCAR() permet de décompter le nombre de caractères contenus dans la cellule déterminée. Cette formule prend en compte les espaces qui se trouvent entre 2 mots, les caractères spéciaux en plus des lettres et des chiffres.

Exemple :

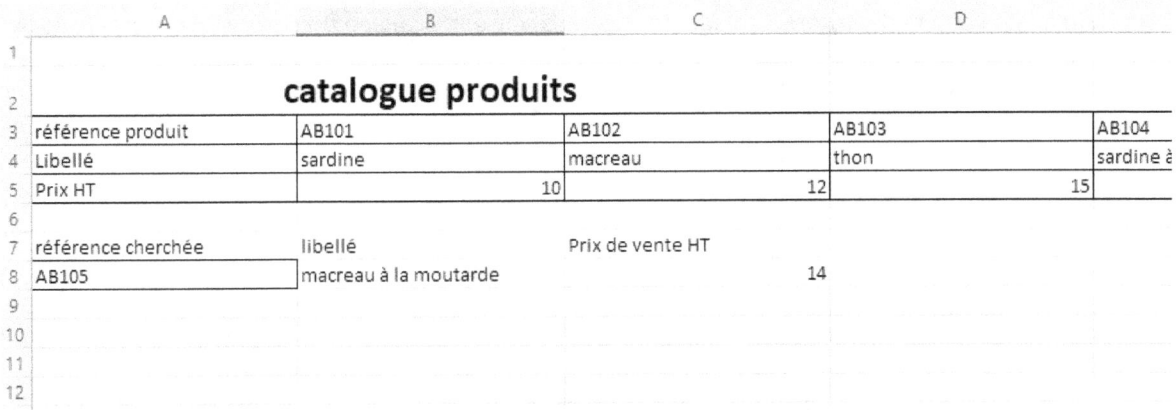

Dans le tableau ci-dessus il est nécessaire de déterminer le nombre de caractère composant le titre. Dans la cellule A1 l'insertion de la formule NBCAR() va permettre de déterminer ce nombre.

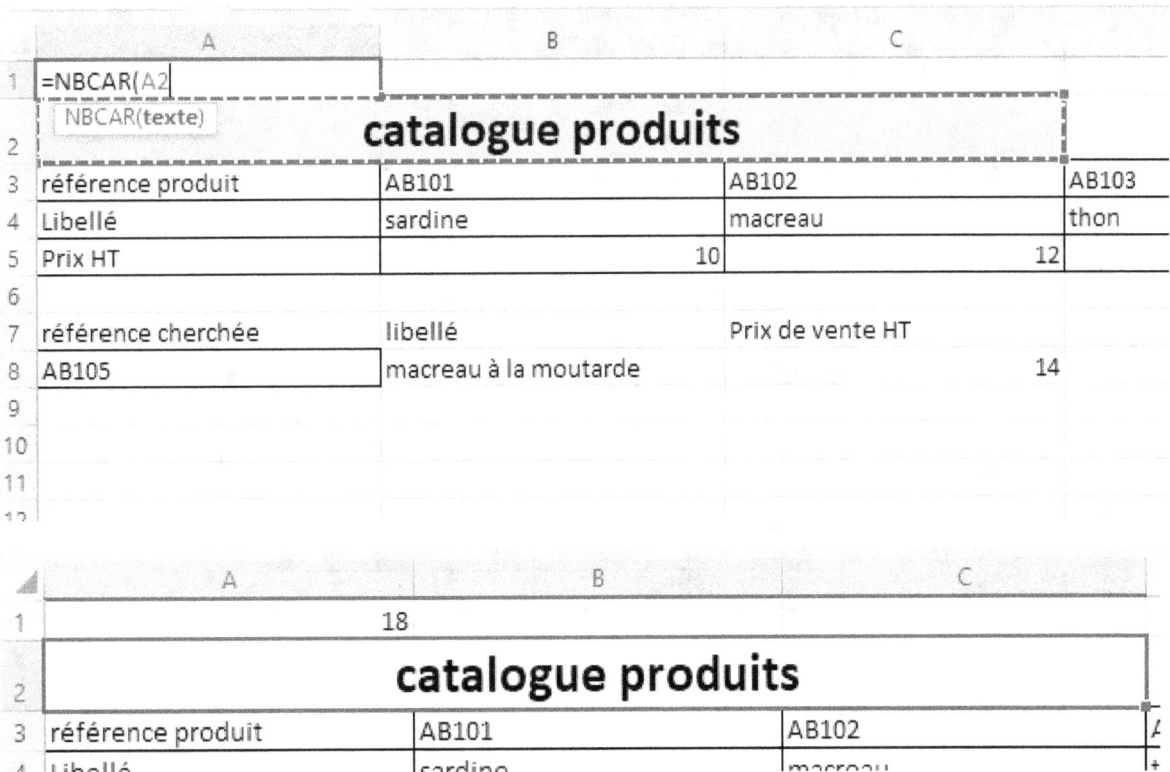

La fonction NB.SI.ENS()

Cette fonction permet de compter une donnée en fonction de différents critères définis. Cette fonction permet de travailler sur plus d'un critère unique comme avec la fonction NB.SI(), ce qui permet de travailler sur plusieurs plages en même temps.

Décomposition de la fonction :

=NB.SI.ENS(plage de critère 1 ; critère 1 ;plage de critère 2 ; critère 2 ; plage de critère 3 ; critère 3 ; etc.)

Dans une base de données comprenant plusieurs colonnes et dans lesquelles on a besoin de décompter la répétition d'une concordance de données.

Exemple :

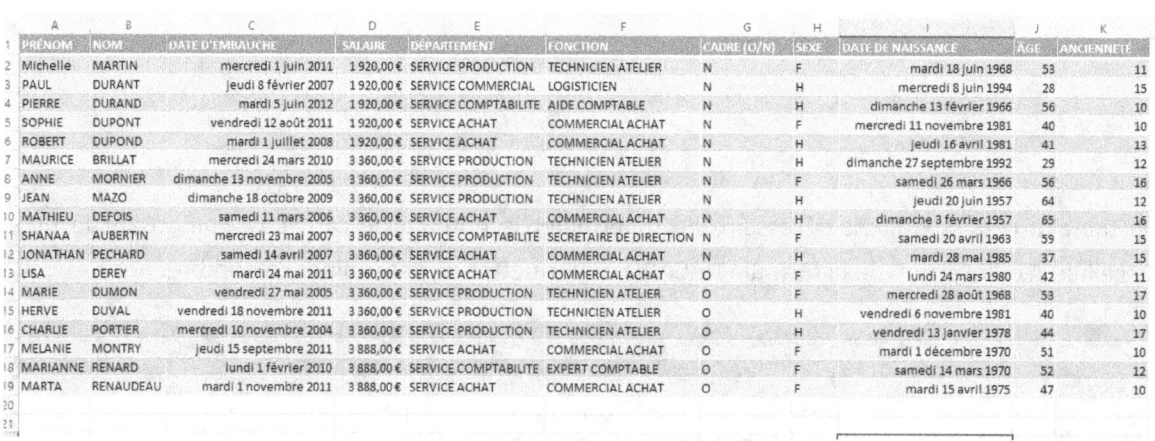

Dans le tableau ci-dessus il faut déterminer le nombre de salarié par service, par statut (cadre non-cadre) et par le sexe.

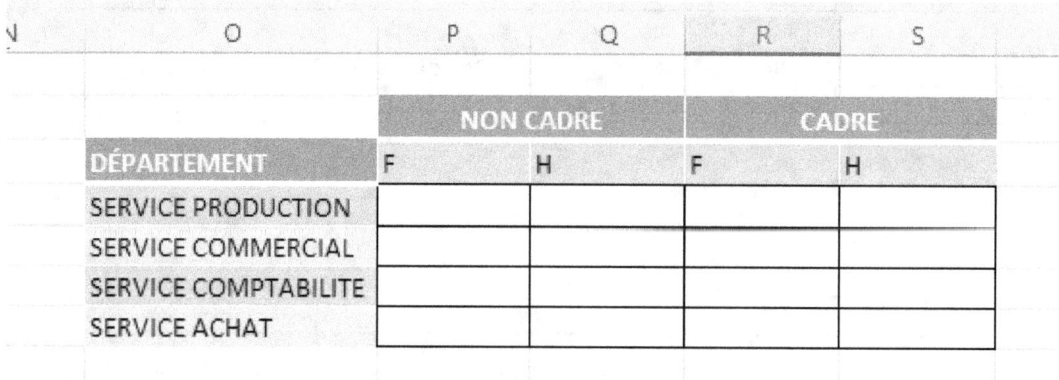

Ce tableau va permettre de répondre à la question.

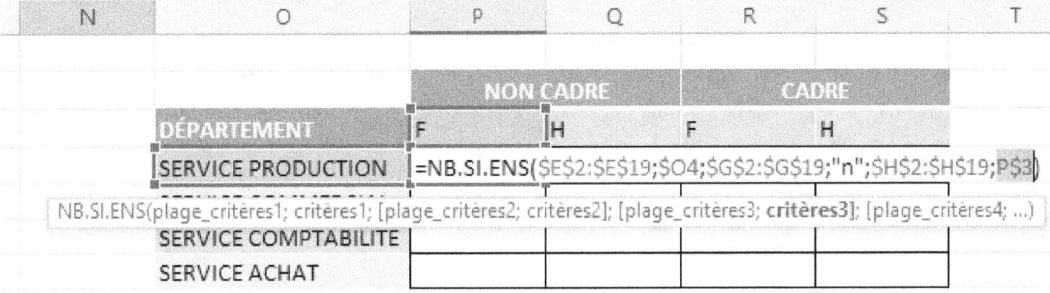

Pour pouvoir étirer la formule il est nécessaire de bloquer les plages de critères et les critères également, soit en totalité, soit en ligne soit en colonne. Seul le critère saisi manuellement sera modifié pour passer de non-cadre à cadre.

Pour les non cadres :

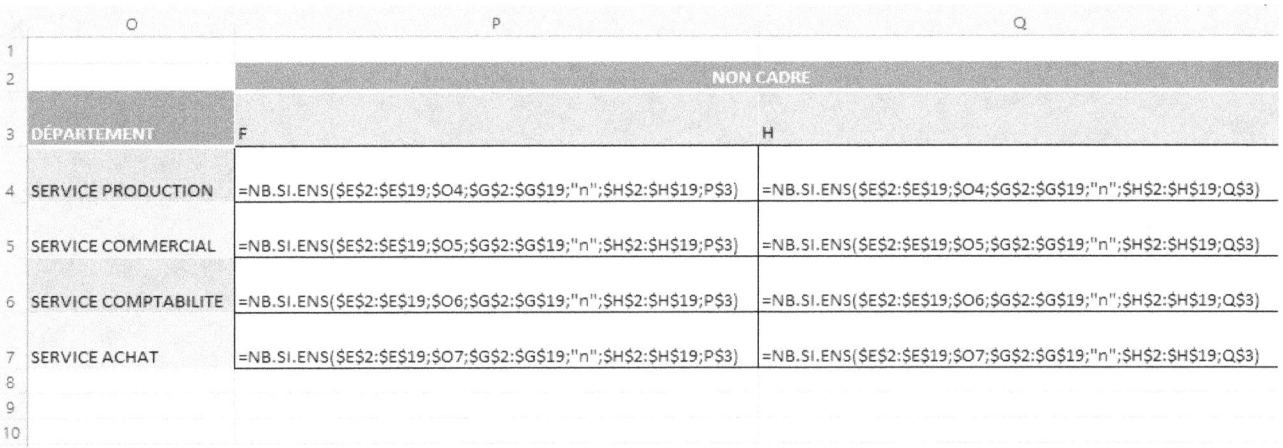

Pour les cadres :

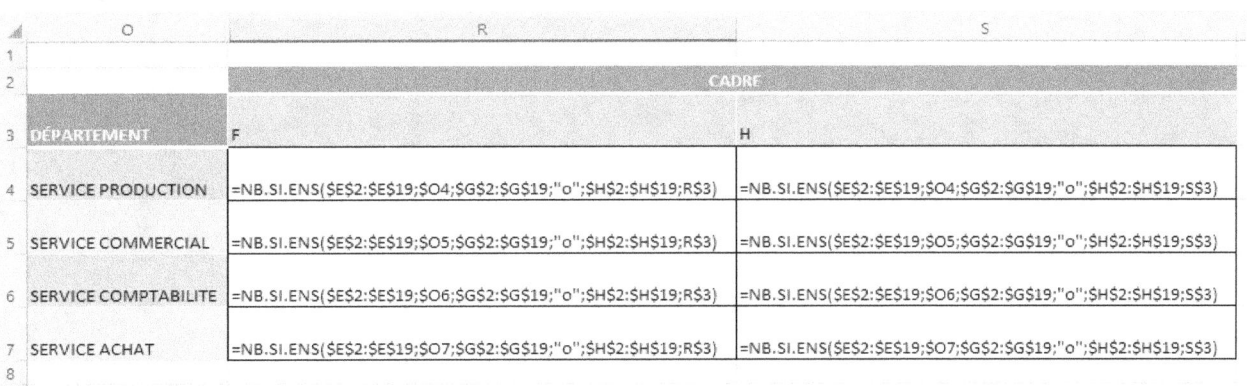

Rappel : les $ placés devant la lettre et le chiffre bloquent la cellule, quand le $ est placé devant la lettre il bloque la colonne et devant le chiffre il bloque la ligne, les $ s'obtiennent en appuyant sur la touche F4 après la sélection de la cellule.

Le résultat obtenu :

	O	P	Q	R	S
		NON CADRE		CADRE	
DÉPARTEMENT		F	H	F	H
	SERVICE PRODUCTION	2	2	1	2
	SERVICE COMMERCIAL	0	1	0	0
	SERVICE COMPTABILITE	1	1	1	0
	SERVICE ACHAT	1	3	3	0

Exercice 1
Déterminez combien de valeurs de type numérique se trouvent dans la colonne

	A
1	
2	Valeurs
3	520
4	mare
5	50,00 €
6	15/08/2022
7	sortie
8	2 chiens
9	1/4

Exercice 2
Déterminez le nombre de jours de location au total pour les 4 logements

	A	B	C	D	E
1					
2	Location	Logement 1	Logement 2	Logement 3	Logement 4
3	01/08/2022	X	X		X
4	02/08/2022	X	X	X	X
5	03/08/2022		X	X	X
6	04/08/2022	X	X	X	X
7	05/08/2022	X	X	X	X
8	06/08/2022	X	X		X
9	07/08/2022		X		X
10	08/08/2022	X		X	X
11	09/08/2022			X	X
12	10/08/2022	X		X	X
13	11/08/2022	X	X	X	X
14	12/08/2022	X	X	X	X
15	13/08/2022	X			X
16	14/08/2022	X	X		X
17	15/08/2022		X		X
18					
19					
20	NOMBRE DE JOURNEES LOUEES				
21					

Exercice 3

Comptez dans l'emploi du temps le nombre de jours consacrés à chaque poste et le nombre d'heures dévolues considérant qu'une journée de travail est de 7 heures par salarié.

	A	B	C	D	E	F
1						
2	Emploi du temps	Lundi	Mardi	Mercredi	Jeudi	Vendredi
3	Salarié 1	Accueil	Accueil	Accueil	Mise en rayon	Caisse
4	Salarié 2	Mise en rayon	Caisse	Caisse	Mise en rayon	Accueil
5	Salarié 3	Accueil	Mise en rayon	Mise en rayon	Caisse	Accueil
6	Salarié 4	Mise en rayon	Accueil		Mise en rayon	Caisse
7	Salarié 5	Mise en rayon	Caisse	Accueil	Caisse	Mise en rayon
8	Salarié 6	Caisse	Mise en rayon	Caisse	Accueil	Caisse
9						
10		nombre de jours	nombre d'heures			
11	Accueil					
12	Caisse					
13	Mise en rayon					
14						

Exercice 4

Déterminez le nombre de jours ou les salariés ont effectué plus de 7 heures, 7 heures ou moins de 7 heures.

Vérifiez que le nombre de jours obtenus est bien exact par 2 méthodes.

	A	B	C	D	E	F
1						
2	Emploi du te	Lundi	Mardi	Mercredi	Jeudi	Vendredi
3	Salarié 1	5		8	7	7
4	Salarié 2	6	8	7,5	7	7
5	Salarié 3	8	7,5	7	7	8
6	Salarié 4	7	6	5	7	7
7	Salarié 5	5	5	6	7	7
8	Salarié 6		5	5	7	6
9						
10						
11	nombre de journées de plus de 7 heures					
12	nombre de journées de 7 heures					
13	nombre de journées de moins de 7 heures					
14				Total		
15						
16	Vérification nombre de jours travaillés					
17						

Exercice 5

Vous êtes chargé de suivre les livres de la bibliothèque de la plage, votre responsable vous demande de faire l'inventaire.

	A	B	C	D	E
1	Bibliothèque de la plage				
2	Emprunt	Date d'emprunt	date de retour		
3	livre 1	01/08/2022	10/08/2022		
4	livre 2	04/08/2022	08/08/2022		
5	livre 3	04/08/2022	06/08/2022		
6	livre 4	05/08/2022			
7	livre 5	06/08/2022			
8	livre 6	07/08/2022	10/08/2022		
9	livre 7	08/08/2022			
10	livre 8	10/08/2022	15/08/2022		
11					
12					
13	Combien de livres proposés dans la bibliothèque				
14	Combien de livres sont empruntés				
15	Combien de livres ne sont pas restitué à la bibliothèque				

Exercice 6

Vous contrôlez le tableau de l'association et vous répondez aux questions du tableau.

	A	B	C	D	E
1					
2	Adhérents	Date de Naissance	Sexe	Activité	Cotisation à jour
3	Adhérent 1	25/12/1986	H	Peinture	X
4	Adhérent 2	01/01/1965	F	Poterie	
5	Adhérent 3		H	Reliure	X
6	Adhérent 4	14/07/1989	F	Reliure	X
7	Adhérent 5	22/02/2002	H	Reliure	X
8	Adhérent 6	11/11/2000	F	Poterie	
9	Adhérent 7		H	Peinture	X
10	Adhérent 8	01/05/2000	H	Peinture	
11	Adhérent 9	15/08/1975	F	Peinture	X
12	Adhérent 10	04/07/1990	F	Poterie	
13					
14	Nombre d'adhérents				
15	Nombre de Femmes				
16	Nombre d'Hommes				
17	Nombre d'inscrits en Peinture				
18	Nombre d'inscrits en Poterie				
19	Nombre d'inscrits en Reliure				
20	Nombre de date de naissance incomplète				
21	Combien de cotisations ne sont pas réglées				

Exercice 7

Vous êtes chargé de contrôler la conformité des nouvelles références des produits qui doivent être comprises entre 10 et 12 caractères inclus.

	A	B	C
1			
2	Nouvelle référence produit	Nombre de caractères	Conforme oui/non
3	RAB15428PART		
4	WSEAR78547890		
5	FRED85478PO		
6	HUOITF4582PM		
7	YHUHY789321ART		
8	HUJI8585		
9	ARTIO4178		

Exercice 8

A l'aide des tableaux complétez les statistiques du suivi de formation pour le service RH.

	A	B	C	D
1				
2	Salariés	Stages	Durée	Année
3	salarié 1	Anglais	5	2021
4	salarié 2	Bureautique	2	2022
5	salarié 3	Anglais	2	2020
6	salarié 4	Internet	5	2022
7	salarié 5	Image	3	2021
8	salarié 1	image	12	2020
9	salarié 2	Anglais	5	2019
10	salarié 3	Anglais	2	2021
11	salarié 4	Bureautique	6	2022
12	salarié 5	Internet	1	2022
13	salarié 1	Image	4	2021
14	salarié 2	Bureautique	2	2020
15	salarié 3	Anglais	2	2019
16	salarié 4	Image	5	2021
17	salarié 5	Bureautique	3	2020
18	salarié 1	Internet	2	2019
19	salarié 2	Communicati	6	2022
20	salarié 3	Internet	1	2022
21	salarié 4	Communicati	10	2022
22	salarié 5	Anglais	5	2022

Salariés	Anglais	Bureautique	Internet	Image	Communication
Nombre de stages par salarié					
salarié 1					
salarié 2					
salarié 3					
salarié 4					
salarié 5					

Année	Anglais	Bureautique	Internet	Image	Communication
Nombre de stages par année					
2019					
2020					
2021					
2022					

Exercice 1 corrigé

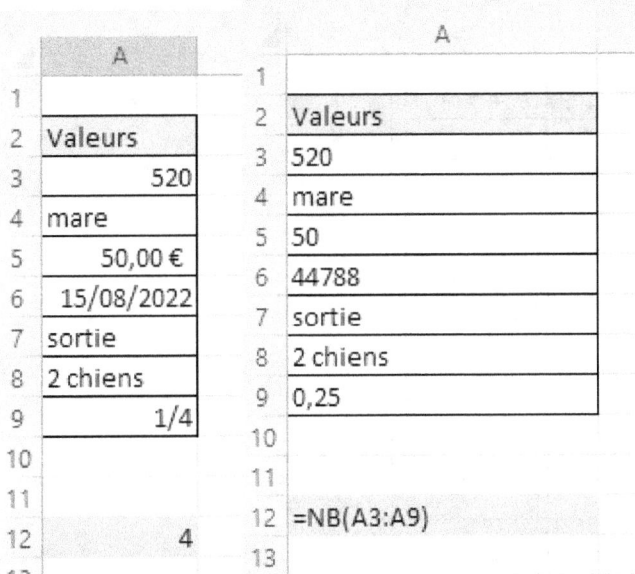

Pour déterminer dans la plage le nombre de cellules contenant des valeurs numériques il faut utiliser la formule NB() qui tient compte uniquement des valeurs numériques et ignore les autres valeurs.

La date est considérée comme une valeur numérique car elle représente le nombre de jours écoulés depuis le 1er janvier 1900.

On reconnait une valeur numérique au fait qu'elle s'aligne par défaut à droite de la cellule.

Exercice 2 corrigé

	A	B	C	D	E
1					
2	Location	Logement 1	Logement 2	Logement 3	Logement 4
3	01/08/2022	X	X		X
4	02/08/2022	X	X	X	X
5	03/08/2022		X	X	X
6	04/08/2022	X	X	X	X
7	05/08/2022	X	X	X	X
8	06/08/2022	X	X		X
9	07/08/2022		X		X
10	08/08/2022	X		X	X
11	09/08/2022			X	X
12	10/08/2022	X		X	X
13	11/08/2022	X	X	X	X
14	12/08/2022	X	X	X	X
15	13/08/2022	X			X
16	14/08/2022	X	X		X
17	15/08/2022		X		X
18					
19					
20	NOMBRE DE JOURNEES LOUEES			46	

19			
20	NOMBRE DE JOURNEES LOUEES		=NBVAL(B3:E17)
21			

Dans cet exercice il faut dénombrer le nombre de cellules contenant une valeur dans la plage allant de la cellule B3 à la cellule E17. La fonction NBVAL() permet de dénombrer dans la plage le nombre de cellules non vides. Cette fonction ne tient pas compte du type de valeur mais uniquement de la présence d'une valeur qu'elle soit numérique, textuel ou autre.

Exercice 3 corrigé

	A	B	C	D	E	F
1						
2	Emploi du temps	Lundi	Mardi	Mercredi	Jeudi	Vendredi
3	Salarié 1	Accueil	Accueil	Accueil	Mise en rayon	Caisse
4	Salarié 2	Mise en rayon	Caisse	Caisse	Mise en rayon	Accueil
5	Salarié 3	Accueil	Mise en rayon	Mise en rayon	Caisse	Accueil
6	Salarié 4	Mise en rayon	Accueil		Mise en rayon	Caisse
7	Salarié 5	Mise en rayon	Caisse	Accueil	Caisse	Mise en rayon
8	Salarié 6	Caisse	Mise en rayon	Caisse	Accueil	Caisse
9						
10		nombre de jours	nombre d'heures			
11	Accueil	9	63			
12	Caisse	10	70			
13	Mise en rayon	10	70			
14						

	A	B	C
9			
10		nombre de jours	nombre d'heures
11	Accueil	=NB.SI($B$3:$F$8;A11)	=B11*7
12	Caisse	=NB.SI($B$3:$F$8;A12)	=B12*7
13	Mise en rayon	=NB.SI($B$3:$F$8;A13)	=B13*7
14			

Dans le cadre de cet exercice il s'agissait de compter le nombre de fois qu'une valeur était présente dans la plage de cellules concernées. La fonction NB.SI() permet de compter en fonction d'un critère donné.

Le dénombrement s'effectue sur la plage de B3 à F8.

Pour comptabiliser le nombre de répétition en fonction du critère contenu dans la première ligne du tableau de résultat, il convient d'utiliser la fonctionnalité permettant de figer la plage de cellule de recherche et la colonne contenant les critères.

B11= NB.SI(plage de recherche figée par la touche F4 ; critère de recherche figé en colonne par la touche F4 répétée 3 fois (F4 F4 F4))

B11=NB.SI(B3 :F8 ;A11)

                  3 X F4

        F4

B11= NB.SI($B$3 :$F$8 ;$A11)

Le nombre d'heure s'obtient en multipliant le résultat précédent par 7

C11=B11X7

Exercice 4 corrigé

	A	B	C	D	E	F
1						
2	Emploi du te	Lundi	Mardi	Mercredi	Jeudi	Vendredi
3	Salarié 1	5		8	7	7
4	Salarié 2	6	8	7,5	7	7
5	Salarié 3	8	7,5	7	7	8
6	Salarié 4	7	6	5	7	7
7	Salarié 5	5	5	6	7	7
8	Salarié 6		5	5	7	6
9						
10						
11		nombre de journées de plus de 7 heures			6	
12		nombre de journées de 7 heures			12	
13		nombre de journées de moins de 7 heures			10	
14				Total	28	
15						
16		Vérification nombre de jours travaillés			28	
17						

10			
11	nombre de journées de plus de 7 heures	=NB.SI(B3:F8;">7")	
12	nombre de journées de 7 heures	=NB.SI(B3:F8;7)	
13	nombre de journées de moins de 7 heures	=NB.SI(B3:F8;"<7")	
14		Total	=SOMME(E11:E13)
15			
16	Vérification nombre de jours travaillés	=NB(B3:F8)	
17			

Dans cet exercice il s'agissait de comparer des valeurs numériques en utilisant des critères textes.

Les symboles < et > sont pour Excel du texte il faut donc au moment de leur utilisation dans les fonctions de dénombrement les précéder et les suivre de « « .

E11=NB.SI(plage de recherche du critère ; critère de comparaison de la borne numérique)

E11= NB.SI(B3 :F8 ; « >7 ») le comparateur de supériorité doit être inclus dans les « « .

E12= Nb.si(B3 :F8 ;7) la valeur est fixe pour le critère aucun comparateur vient en altérer la valeur les guillemets sont non désirés dans cette utilisation de fonction.

E13= NB.SI(B3 :F8 ; »<7 ») le comparateur infériorité implique la mise en œuvre des guillemets avant et après la comparaison.

La cellule E14 permet de comptabiliser le nombre de jours travaillés, la fonction SOMME() permet d'obtenir le résultat attendu.

La vérification par le dénombrement des cellules de la plage ce B3 à F8 contenant une valeur numérique permet de vérifier le résultat obtenu précédemment.
E16=Nb(B3 :F8)

Exercice 5 corrigé

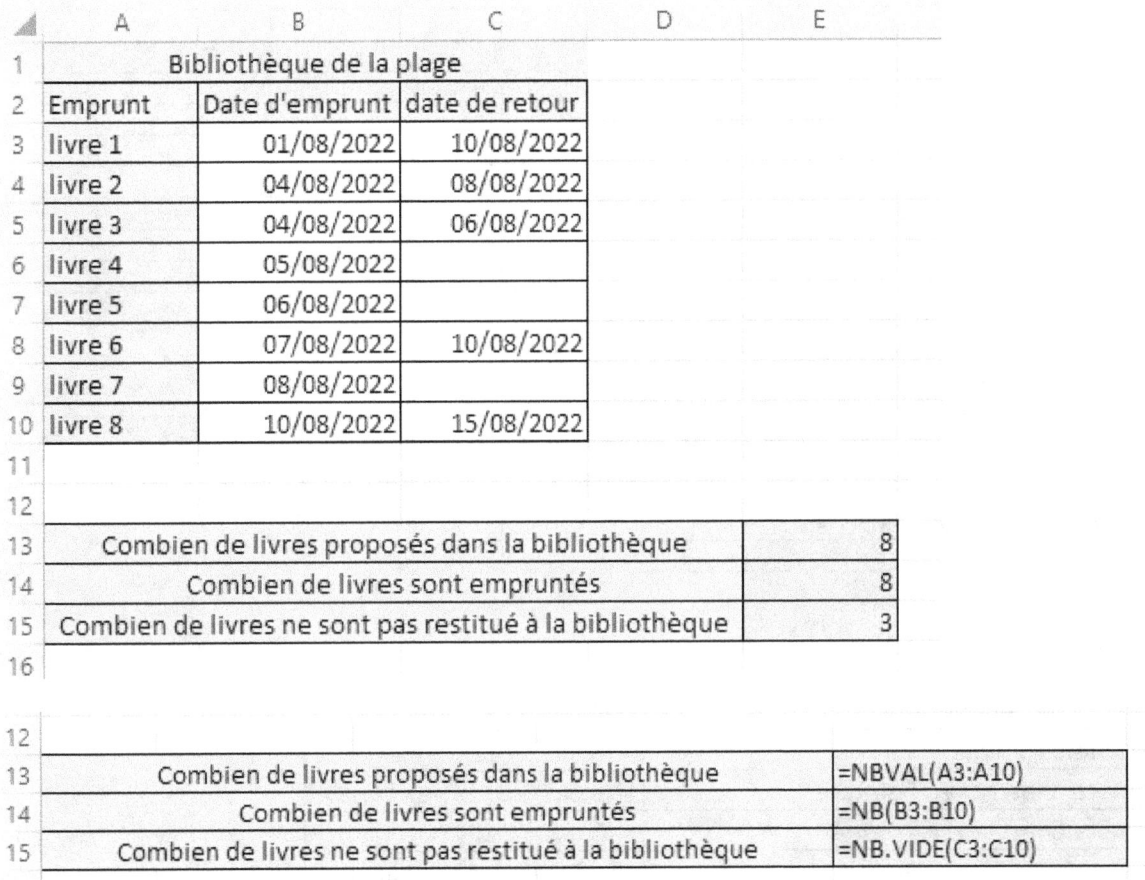

Dans cet exercice il s'agit de dénombrer des valeurs numériques, textuelles et l'absence de valeurs.

Dans la cellule E13 le résultat attendu est le compte des valeurs textuelles de la plage allant de A3 à A10.
E13= NBVAL(A3 :A10)

Dans la cellule E14 le résultat attendu est le compte des valeurs numériques de la plage allant de B3 à B10
E14 = NB(B3 :B10)

Dans la cellule E15 le résultat attendu est le compte des cellules ne contenant pas de valeurs dans la plage de C3 à C10.

E15=NB.VIDE(C3 :C10)

Exercice 6 corrigé

	A	B	C	D	E
1					
2	Adhérents	Date de Naissance	Sexe	Activité	Cotisation à jour
3	Adhérent 1	25/12/1986	H	Peinture	X
4	Adhérent 2	01/01/1965	F	Poterie	
5	Adhérent 3		H	Reliure	X
6	Adhérent 4	14/07/1989	F	Reliure	X
7	Adhérent 5	22/02/2002	H	Reliure	X
8	Adhérent 6	11/11/2000	F	Poterie	
9	Adhérent 7		H	Peinture	X
10	Adhérent 8	01/05/2000	H	Peinture	
11	Adhérent 9	15/08/1975	F	Peinture	X
12	Adhérent 10	04/07/1990	F	Poterie	
13					
14	Nombre d'adhérents		10		
15	Nombre de Femmes		5		
16	Nombre d'Hommes		5		
17	Nombre d'inscrits en Peinture		4		
18	Nombre d'inscrits en Poterie		3		
19	Nombre d'inscrits en Reliure		3		
20	Nombre de date de naissance incomplète		2		
21	Combien de cotisations ne sont pas réglées		4		
22					

13		
14	Nombre d'adhérents	=NBVAL(A3:A12)
15	Nombre de Femmes	=NB.SI(C3:C12;"f")
16	Nombre d'Hommes	=NB.SI(C3:C12;"h")
17	Nombre d'inscrits en Peinture	=NB.SI(D3:D12;"peinture")
18	Nombre d'inscrits en Poterie	=NB.SI(D3:D12;"poterie")
19	Nombre d'inscrits en Reliure	=NB.SI(D3:D12;"reliure")
20	Nombre de date de naissance incomplète	=NB.VIDE(B3:B12)
21	Combien de cotisations ne sont pas réglées	=NB.VIDE(E3:E12)
22		

Cet exercice reprend les formules utilisées dans les exercices précédents.

Il s'agit de dénombrer des valeurs numériques, textuelles, en fonction de critères ou encore l'absence de valeurs.

Décompte de valeurs textuelles :

C14 le dénombrement des cellules de la plage de A3 à A12 contenant des valeurs

C14=NBVAL(A3 :A14)

Décompte des valeurs en fonction des critères imposés :

le nombre de femmes, on observe que le sexe féminin est déterminé par la lettre F dg celui des hommes par la lettre H. la fonction NB.Si() permet de différencier le critère recherché.

C15=NB.SI(C3 :C12 ; « F ») le critère étant du texte il faut qu'il soit inséré entre 2 guillemets. Pour ce qui concerne la question du décompte du nombre d'hommes là aussi le critère est d'ordre textuel il devra donc lui aussi être insérer dans les guillemets

C16=NB.SI(C3 :C12 ; « h »)

Pour comptabiliser le nombre d'inscrit pour chaque activité là aussi l'utilisation d'un critère texte est obligatoire, il devra bien sûr est insérer entre deux guillemets.

C17=NB.SI(D3 ;D12 ; « peinture »)

C18=NB.SI(D3 ;D12 ; « poterie »)

C19=NB.SI(D3 ;D12 ; « reliure »)

Pour la recherche d'information non données, il s'agit de chercher les cellules vides dans la plage d'informations

C20=NB.VIDE(B3 :B12)

C21=NB.VIDE(e3 :e12)

Exercice 7 corrigé

	A	B	C
1			
2	Nouvelle référence produit	Nombre de caractères	Conforme oui/non
3	RAB15428PART	12	oui
4	WSEAR78547890	13	non
5	FRED85478PO	11	oui
6	HUOITF4582PM	12	oui
7	YHUHY789321ART	14	non
8	HUJI8585	8	non
9	ARTIO4178	9	non

	A	B	C
1			
2	Nouvelle référence produit	Nombre de caractères	Conforme oui/non
3	RAB15428PART	=NBCAR(A3)	=SI(ET(B3>=10;B3<=12);"oui";"non")
4	WSEAR78547890	=NBCAR(A4)	=SI(ET(B4>=10;B4<=12);"oui";"non")
5	FRED85478PO	=NBCAR(A5)	=SI(ET(B5>=10;B5<=12);"oui";"non")
6	HUOITF4582PM	=NBCAR(A6)	=SI(ET(B6>=10;B6<=12);"oui";"non")
7	YHUHY789321ART	=NBCAR(A7)	=SI(ET(B7>=10;B7<=12);"oui";"non")
8	HUJI8585	=NBCAR(A8)	=SI(ET(B8>=10;B8<=12);"oui";"non")
9	ARTIO4178	=NBCAR(A9)	=SI(ET(B9>=10;B9<=12);"oui";"non")

Dans cet exercice il s'agit de déterminer le nombre de caractères présents dans chaque cellule. La fonction NBCAR() dénombre tous les caractères même les espaces s'il y en a .

Cette fonction travaille sur une cellule unique, elle ne permet pas de gérer une plage composée d'un groupe de cellules.

B3=NBCAR(A3) la fonction sera étirée sur le reste du tableau vers le bas.

Pour contrôler la conformité de la référence du produit deux fonctions imbriquées sont nécessaires SI() & ET().

C3=SI(ET(B9>)10 ;B3<=12) ; »oui » ; »non ») attention à ne pas oublier les guillemets autour du OUI et du NON.

Exercice 8 corrigé

	A	B	C	D
1				
2	Salariés	Stages	Durée	Année
3	salarié 1	Anglais	5	2021
4	salarié 2	Bureautique	2	2022
5	salarié 3	Anglais	2	2020
6	salarié 4	Internet	5	2022
7	salarié 5	Image	3	2021
8	salarié 1	image	12	2020
9	salarié 2	Anglais	5	2019
10	salarié 3	Anglais	2	2021
11	salarié 4	Bureautique	6	2022
12	salarié 5	Internet	1	2022
13	salarié 1	Image	4	2021
14	salarié 2	Bureautique	2	2020
15	salarié 3	Anglais	2	2019
16	salarié 4	Image	5	2021
17	salarié 5	Bureautique	3	2020
18	salarié 1	Internet	2	2019
19	salarié 2	Communicati	6	2022
20	salarié 3	Internet	1	2022
21	salarié 4	Communicati	10	2022
22	salarié 5	Anglais	5	2022

	G	H	I	J	K	L
1			Nombre de stages par salarié			
2	Salariés	Anglais	Bureautique	Internet	Image	Communication
3	salarié 1	1	0	1	2	0
4	salarié 2	1	2	0	0	1
5	salarié 3	3	0	1	0	0
6	salarié 4	0	1	1	1	1
7	salarié 5	1	1	1	1	0
			Nombre de stages par année			
	Année	Anglais	Bureautique	Internet	Image	Communication
10	2019	2	0	1	0	0
11	2020	1	2	0	1	0
12	2021	2	0	0	3	0
13	2022	1	2	3	0	2

G	H	I
		Nombre de stages par salarié
Salariés	Anglais	Bureautique
salarié 1	=NB.SI.ENS($A$3:$A$22;$G3;$B$3:$B$22;H$2)	=NB.SI.ENS($A$3:$A$22;$G...
salarié 2	=NB.SI.ENS($A$3:$A$22;$G4;$B$3:$B$22;H$2)	=NB.SI.ENS($A$3:$A$22;$G...
salarié 3	=NB.SI.ENS($A$3:$A$22;$G5;$B$3:$B$22;H$2)	=NB.SI.ENS($A$3:$A$22;$G...
salarié 4	=NB.SI.ENS($A$3:$A$22;$G6;$B$3:$B$22;H$2)	=NB.SI.ENS($A$3:$A$22;$G...
salarié 5	=NB.SI.ENS($A$3:$A$22;$G7;$B$3:$B$22;H$2)	=NB.SI.ENS($A$3:$A$22;$G...
		Nombre de stages par année
Année	Anglais	Bureautique
2019	=NB.SI.ENS($D$3:$D$22;$G10;$B$3:$B$22;H$2)	=NB.SI.ENS($D$3:$D$22;$G...
2020	=NB.SI.ENS($D$3:$D$22;$G11;$B$3:$B$22;H$2)	=NB.SI.ENS($D$3:$D$22;$G...
2021	=NB.SI.ENS($D$3:$D$22;$G12;$B$3:$B$22;H$2)	=NB.SI.ENS($D$3:$D$22;$G...
2022	=NB.SI.ENS($D$3:$D$22;$G13;$B$3:$B$22;H$2)	=NB.SI.ENS($D$3:$D$22;$G...

Cet exercice permet de compter le nombre de stages en fonction des thèmes par salarié et le nombre de stages par thème et par année.

Cet exercice oblige la prise en compte de plusieurs critères pour arriver au résultat. La fonction NB.SI.ENS() permet de mettre en adéquation les critères définis et de comptabiliser uniquement les résultats demandés.

La structure du tableau de résultats permet d'utiliser des cellules et des plages figées pour éviter de re-saisir la formule à tous les lignes et colonnes.

H3=NB.SI.ENS(plage de critères un, critère un ; plage de critères deux ; critère deux)

H3=NB.SI.ENS(A3 :A22 ;G4 ;B3 :B22 ;H2)

A3 :A22 figé intégralement ➔ F4

G4 figé en colonne ➔ F4 F4 F4

B3 :B22 figé intégralement ➔ F4

H2 figé en ligne ➔ F4 F4

H3= NB.SI.ENS($A$3 :$A$22 ;$G4 ;$B$3 :$B$22 ;H$2)

La formule est étirée sur l'ensemble du tableau de résultat pour le nombre de stages par salarié

H10= NB.SI.ENS(plage de critères un, critère un ; plage de critères deux ; critère deux)

H3=NB.SI.ENS(D3 :D22 ;G10 ;B3 :B22 ;H2)

D3 :D22 figé intégralement ➔ F4

G10 figé en colonne ➔ F4 F4 F4

B3 :B22 figé intégralement ➔ F4

H2 figé en ligne ➔ F4 F4

H10= NB.SI.ENS($D$3 :$D$22 ;$G10 ;$B$3 :$B$22 ;H$2)

La formule est étirée sur l'ensemble du tableau de résultat pour le nombre de stages par année.